# 地形散歩のすすめ

凸凹からまちを
読みとく方法

新之介 著

学芸出版社

# はじめに

ＮＨＫの「ブラタモリ」は、観光ガイドブックに書かれている名所旧跡を紹介するだけでなく、地形や地質に着目し町の成り立ちを読み解いていく手法で、その土地の魅力アップに貢献しているように感じます。私自身も「ブラタモリ」に感銘を受け、学生時代に学んだ地理・地学を再び学びはじめた一人です。

学生時代に学んだはずの断片的だった地理・地学の知識を整理し、どこへ出かけても通用する「見方」「心得」が獲得できれば地形散歩はもっと楽しくなるのではないか。そんな学芸出版社の編集者のひらめきから本書はスタートしました。編集者の方から声をかけていただき最初にお会いしたとき、「そんな本があればいいけど作るのは難しい」と引き受けるのを躊躇していたのを覚えています。しかし話をしていくうちに「タモリさんは、なぜ石を見てあんなに喜んでいるのだろう？」という素朴な疑問にたどり着きました。私自身「ブラタモリ」の案内人をさせていただいたことがありますが、「ブラタモリ」ファンの一人として番組を見ている中で、ごく稀にタモリさんが石や岩を見て本当に喜んでいると思えるシーンを何度が観たことがあります。それが実は謎でもありました。「なぜあそこまで本気で楽しめるのだろう？」そして、次第に石や岩を見て楽しめるタモリさんが心底うらやましく思えるようになっていったのです。私もタモリさんのように石や岩を見ただけで喜ぶことができるようになりたい。そこにこの本のヒントがあるのではないか。そう考えお受けすることにしました。

私の勝手な想像ですが、タモリさんや学者の先生方は地形や岩石を見て「なぜこんな形になったのか？」「なぜここに存在するのか？」「どこでどのように生成されたのか？」などを一瞬にして頭の中で連想ゲームのようなものをしているのではないでしょうか。その答えの連想ゲームを楽しんでいるように感じるのです。実はこれらを解くためのヒントは学生時代に勉強しているはずなのです。

私が地形に関心を持ち出したのは中沢新一氏の『アースダイバー』を読んでからです。それまでは近畿圏を中心に町歩きを楽しみながらブログにアップしていました。ところが『アースダイバー』をきっかけに縄文時代の汀線をたどりながら町を歩くようになったのです。いきなり興奮しました。こんな面白い世界があったのかと。それ以来地形の凸凹に魅了されていきました。

私がはじめて中沢新一氏とお会いしたのはそれから3年後くらいです。『大阪アースダイバー』の出版記念イベントで、アースダイビングをしているブロガーがいると編集者の方が知りゲストで呼んでいただいたのです。そしてイベントの打ち上げの席で中沢氏の前に座らせていただき楽しいひとときを過ごしました。その時に私の人生を変える一言を言われたのです。「新ちゃん、大阪の地形を盛り上げてよ」と。その激励の言葉に奮起して立ち上げたのが「大阪高低差学会」です。SNSを通して共鳴してくださる方がたくさん集まり「東京スリバチ学会」の皆川典久氏とも出会いました。さらに皆川氏と交流するうちに「新之介さん、本を書いてみない?」というさりげない言葉がきっかけとなり『凹凸を楽しむ 大阪「高低差」地形散歩』(洋泉社)を出版することになりました。出版の2ヶ月後にはNHK「ブラタモリ」のディレクターから連絡があり、数ヶ月後にタモリさんを案内するという幸運に恵まれたのです。書店でなにげなく『アースダイバー』のタイトルにひかれて手に取ったことがすべてのはじまりでした。人生というのは不思議なものです。

本書は「まちなか」「山地」「河川」「海岸」「火山」「地形と人の暮らし」と6つのカテゴリに分けて主だった地形や地質を解説しながら、地形散歩に役立つ知識を身につけてもらうことを目的としています。こういう地形はこう楽しんでいますというような実践形式で書いたつもりですが、楽しみ方に決まりはありませんので、あくまでも一例としてご理解ください。各項目の地形や地質の紹介は日本列島の中のほんの一部ですが、地形散歩の入門書と考えると少しマニアックな情報が含まれているかもしれません。その場合はお許しください。使えて楽しく地形散歩の世界に入っていただけるような本を目指していますが、各項目の冒頭にはそれぞれの地形の解説を入れてから具体的な事例紹介をしていくスタイルにしています。地形解説の多くは『地形学辞典』（二宮書店）から引用しましたが、紙面の都合上、解説の一部のみの掲載となっています。あらかじめご了承ください。

地形散歩を楽しんでいて気づいたことがあります。山は崩れていくもので、川は氾濫を繰り返していくものだということです。それらを何百万年も繰り返していまの地形ができています。私たちはそんな自然の摂理の中で暮らしているのだということを忘れてはいけないと思います。

さあ、地形や地質の「なぜ？」の謎を解き明かしに地形散歩の世界に出かけていきましょう。

目次

## 第3章 「山地」がつくる地形……55

## 第6章 「火山」由来の地形



## 第7章 「地形」と人の暮らし

※本書掲載の３Ｄ地形図は、カシミール３Ｄ〈http://www.kashmir3d.com/〉スーパー地形セットを使用して作成した。

第1章

# 「地形散歩」は町の魅力を読みとく学び場

**渋谷の谷地形**
標高データを利用して渋谷の交差点を見ると、窪地であることがわかる。渋谷川がつくった谷地形の底に渋谷駅があるのだ。

## 「地形散歩」のすゝめ

「地形散歩」という言葉はまだ辞書にない。一部の地形愛好家が言い出した言葉であり、私もその中のひとりだ。

一般的に地学や地理学では、ある調査対象物を実際に訪れ、観察し資料収集などをする研究手法を「フィールドワーク」や「巡検」と呼んでいる。「地形散歩」も実際に地質をみたり、地層を観察したりもするのだが、それ以外にも、暗渠や路地をたどることもあればマンホールを観察することもある。玄関先などにある路上園芸を楽しんだり、古い建物や窓枠の面格子を撮影してコレクションする、猫を追いかけるなど観察対象が多岐にわたっており、本来の「フィールドワーク」や「巡検」とは少し違うかもしれない。かといって「町歩き」という言葉もしっくりこないので、やはり「地形散歩」なのである。

最近は、「地形散歩」「凸凹散歩」という言葉をあちらこちらで見かけるようになった。雑誌や機関誌等で

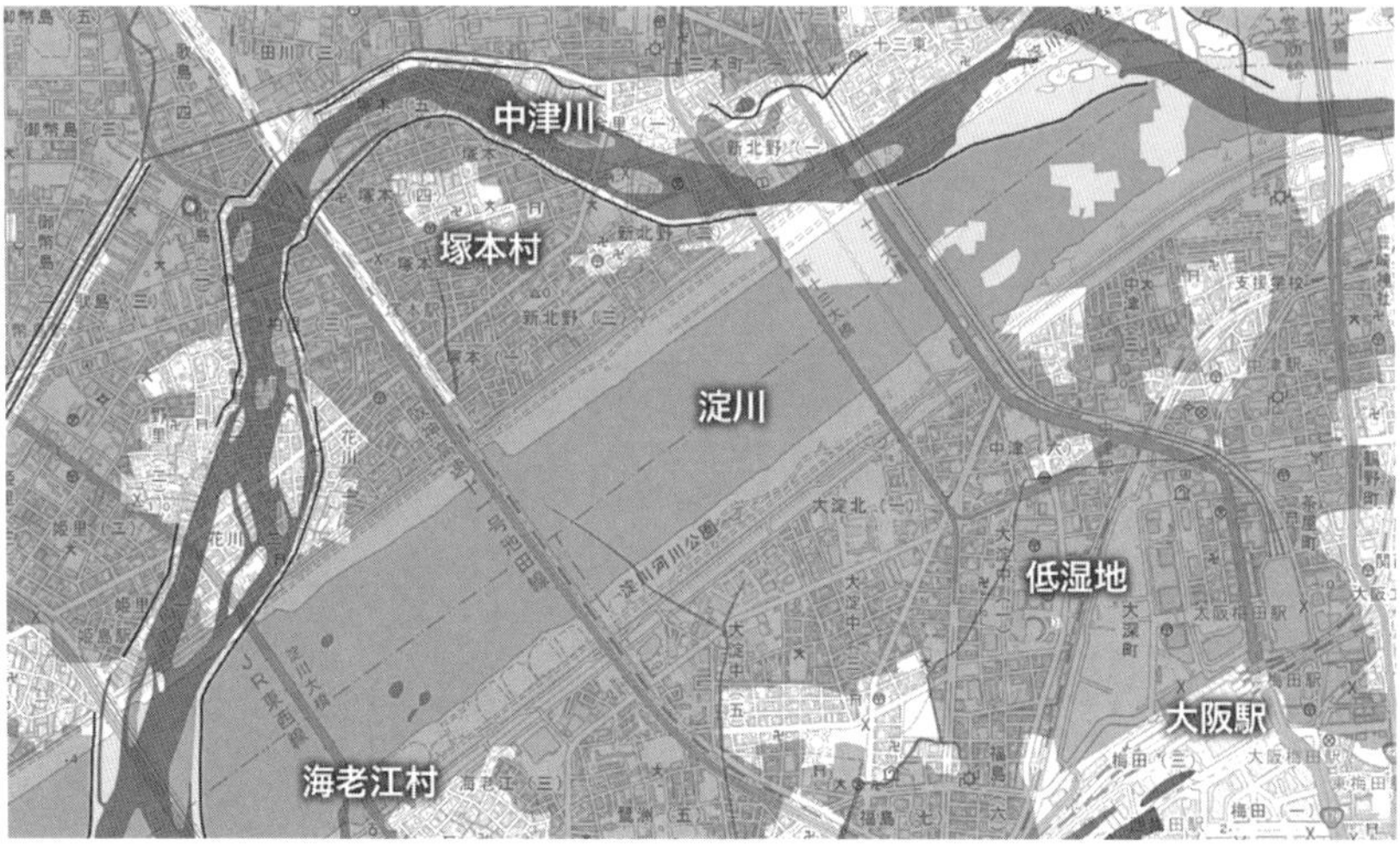


**明治期の低湿地（国土地理院地図より）**

明治期の低湿地（グレー部分）と現在の地図を重ねたものである。淀川が開削される前の大阪駅周辺は田園風景が広がり集落が点在するだけの低湿地帯だった。

**スマホと今昔マップ**

その場所の明治期・大正期・昭和初期などの地図を見ることができるため、かつてあった川の流路や水路、旧道をたどるときに便利である。

**スマホと国土地理院地図**

エリアによっては戦時中の航空写真を見ることができ、空襲の前や後など町の変遷を空から見ることができる。

の紹介、関連書籍が増えたこともあり、地域差はあるが少しずつ浸透してきているように感じる。昔からあるような言葉だが、一般化したのは地形データが誰でも手軽に使えるようになったことが関係しているように思う。

今まで地形を表すものとしては等高線を記した地図が一般的であったが、私も含めて多くの人には等高線で地形の変化を読み解くのは難しかった。

ところが、国土地理院がデジタルデータの「数値地図5メートルメッシュ（標高）」を一般公開したことで、我々のような一般人でもアプリを使って高精度の地形図を作成することが可能になったのである。そのデータは、航空機に搭載したレーザスキャナで計測した高さのデータから、家屋・高架・橋梁等の人工構造物や樹木などを除去した数値標高モデル（DEM：Digital Elevation Model）のことで、ＤＥＭを使えば都市部など比較的平坦な場所でも僅かな凸凹を表示することが可能になり、いままで気づかなかった都市に潜む凸凹地形があらわになった。

さらに、かつてはパソコンでそのデータを取り込み加工する必要があったが、現在ではスマホやタブレットですぐに利用できるアプリが出現し、凸凹地形をいつでもどこでも眺めることが可能になったのだ。

都市部では、家やビルが建ち並び地形を感じることは難しいが、地形データを通して町を眺めるとまったく違う表情が現れる。そのような技術があったからこそ、地形の変化をたどる地形散歩が誰でも楽しめるようになったのである。

たとえば12頁の図は渋谷駅周辺を「カシミール３Ｄ」というソフトを通してみた地形図である。明るい場所が丘、暗い場所が谷、中央に流れている川は渋谷川だ。渋谷駅前の有名な交差点は谷底であることがわかる。13頁は「国土地理院地図」を通してみた大阪駅の北側である。明治期の低湿地のフィルターを通すと、淀川がまだ開削されておらず旧中津川が蛇行しながら流れており、周辺には低湿地帯が広がっていたことがわかる。淀川が開削される前は海老江村や塚本村などの水田が広がっていたのだ。

このように、見慣れた町も地形視点で眺めると、今とは全く違う風景がかつては広がっていたことに気づく。さらに、その土地の歴史を調べることで当時の痕跡を発見することができるかもしれない。地形散歩とは何かを発見する行為でもあると思うのだ。宝物を探す気持ちで町を地形散歩してみてはいかがだろうか。誰にも気づかれていない痕跡を見つけることができるかもしれない。

上町台地西崖の鳥瞰図
奈良盆地との境である生駒山地までは遮るものがなく山の上からは四天王寺の塔と海に沈む夕陽がよく見えただろう。

## 地形の変化から町の景観や歴史を楽しむ

私ははじめて地形視点で大阪の町を歩いた時に、不思議な感覚を覚えた。

大阪の中心部から少し離れた場所に「いくたまさん」の愛称で親しまれる生国魂神社があり、本殿の裏側には20メートル近い急崖がある。その崖は南側にずっと続いており、崖沿いを歩いて行くと、石畳の坂道や寺町、鎮守の森が残る神社など風情あるエリアが続き、大坂冬の陣で徳川家康の本陣があった茶臼山にたどり着いた。すぐ近くには、聖徳太子が創建したといわれる四天王寺もある。崖はさらに南側に続き、帝塚山古墳を越えて全国住吉神社の総本社である住吉大社まで続いているのだ。崖沿いを歩きながら感じたことは、大阪を代表する歴史ある名所旧跡がどれも崖の上につくられているのは、きっと地形と関係しているはずだという直感だった。

上町台地の西崖は、かつては海がすぐ近くに迫り、海に沈む夕陽が美しく見える場所であったといわれて

生国魂神社本殿の背後にある急崖
崖沿いは寺院が集まる寺町があり自然地形がよく残っている。

和気清麻呂による河内川開削の跡
河底池から窪地が東側に続いていることがわかる。明治期は窪地を利用して灌漑池があった。

**四天王寺の日想観の法要**
彼岸の中日に真西に沈む夕日を拝んで極楽浄土を観想する伝統行事である。

いる。海上交通が盛んだった時代は、船から上町台地を眺めた時、そこに点在する構造物などはランドマークとして存在していたのだろう。

四天王寺の伽藍が崖沿いではなく上町台地の中央部にあるのは、海からだけでなく都がある奈良盆地との境界にある生駒山地や河内平野からも四天王寺の塔がよく見える必要があったからだと考えられる。それは四天王寺がある方角に太陽が沈んでいくからだ。四天王寺では、彼岸の中日にあたる春分の日と秋分の日には、西門から石鳥居の彼方に沈む夕陽を拝んで極楽浄土を観想する伝統行事・日想観《じっそうかん》の法要が行われている。仏教の理想郷である極楽浄土は西方にあるといわれ、夕日を眺めながら自身の内面と向き合うのである。仏教の世界では夕陽が沈む西の方角はとても重要な存在でもあるのだ。

聖徳太子の視点で上町台地の上に立つと、太陽は奈良盆地との境にある生駒山地から昇り頭上を通って西の海に沈んでいく。沈んでいく先は、かつての大国・隋がある方角だ。そこで気づいたのは、聖徳太子が隋の皇帝に送った国書で「日出る処の天子、書を、日没する処の天子に致す。恙なきや。」という有名な文言があるが、それはまさに上町台地の上に立ってその発想に至ったのではないかと思わずにはいられない。

四天王寺の境内には、数年前まで長持形石棺蓋が境内に保管されていた。荒陵（茶臼山付近）から出土したものとされ、亀井堂東の小溝に架けられていたが、明治期に古墳時代の石棺の蓋であることがわかり境内に保管されていたものだ。ところが茶臼山を発掘調査したところ、古墳の痕跡と思われるものが出土せず、四天王寺周辺からは埴輪のかけらなどが大量に出土していたことから、荒陵と呼ばれた古墳をつぶして四天王寺が建立されたのではないかといわれている。

さらに、茶臼山と隣接する河底池周辺も特徴的な地形をしている。上町台地の西端にある河底池から東方面には不自然な細長い窪地が続いている。これは和気清麻呂によって8世紀に開削された河内川の痕跡だといわれている。治水対策として23万人を動員して上町台地を横切る水路を作ろうとしたのだが未完に終わったことが『続日本紀』に記されている。周辺には河堀町や河堀口など開削工事の名残と思われる地名も残っている。

地形というのは、町が変わっても消せない痕跡を残しているものである。地形の変化から町の景観や歴史を楽しむ地形散歩は、きっと町の魅力再発見に繋がっていくはずである。

**長瀞とつながる淡路島沼島の三波川結晶片岩**

薄くはがれやすい結晶片岩の地質が遠く離れた四国や和歌山県などでもみられる。

## タモリさんから学ぶ「地形散歩」の楽しみ方

ＮＨＫの「ブラタモリ」は、タモリさんが全国各地をブラブラ歩きながら、地形や地質、町に残された歴史の痕跡などから、その町の歴史や文化のなりたちをひも解いていく番組である。「ブラタモリ」をよく観ておられる方は、番組内でタモリさんが岩や地形を見つけて興奮しながら喜んでいるシーンを何度も見たことがあるのではないだろうか。

たとえば、埼玉県の「長瀞《ながとろ》」の回では、番組で取り上げる予定がなかった紅簾石片岩《こうれんせきへんがん》を見つけて「あれ見なきゃダメだよ！」と急遽コースを変更し、「一度はこれ見てみたいと思っていましたよ」とたいへん興奮していた。長瀞の川を舟下りする時も「片岩だらけ♪」と、目を輝かせてまわりの風景を眺めていたのが印象的だった。

群馬県の「沼田」を訪れた回では、「河岸段丘」に大興奮していた。オープニングでタモリさん自身が沼田の河岸段丘について熱く語り出したのだが、高校の

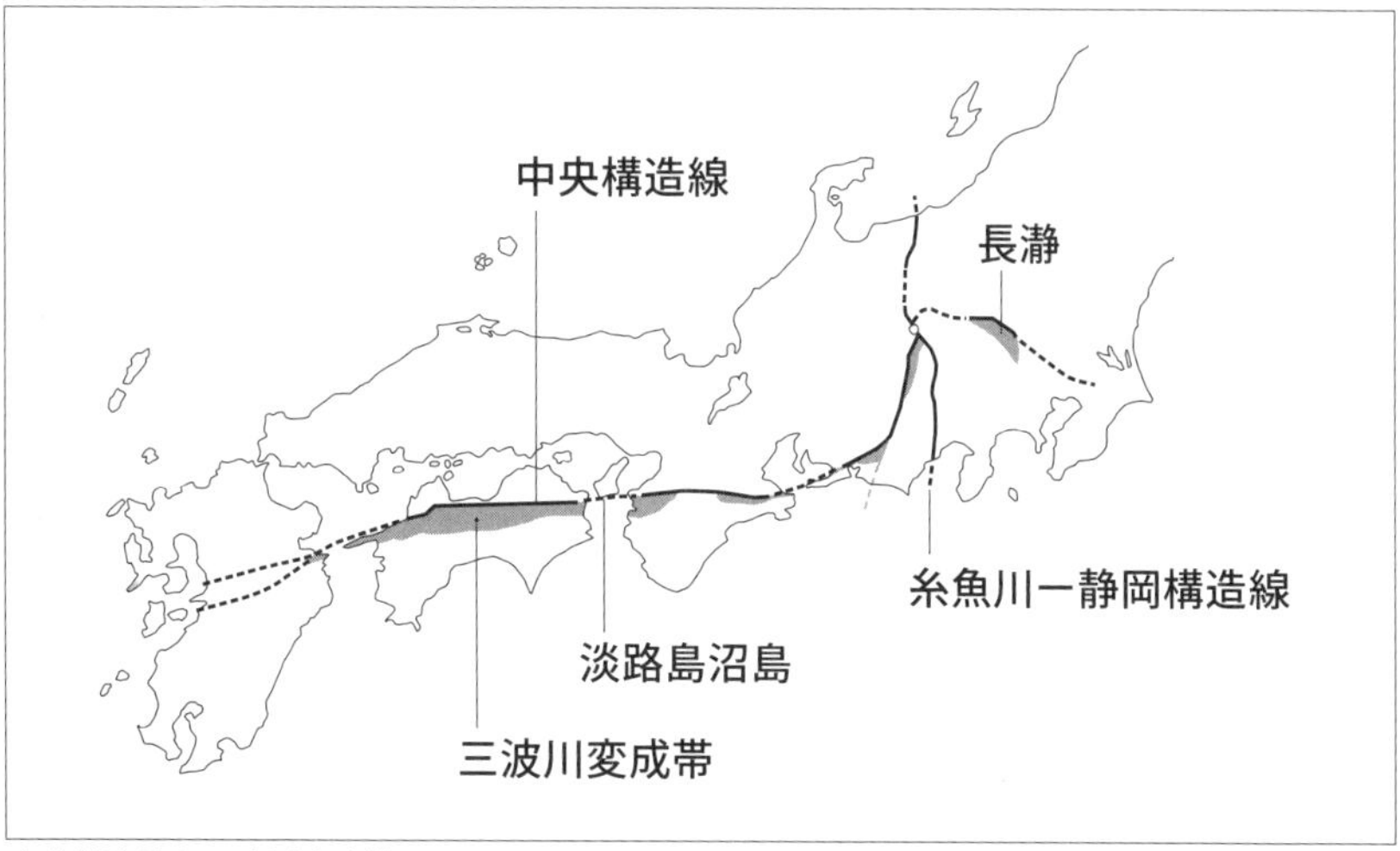


中央構造線と三波川変成帯
結晶片岩で構成される三波川変成帯は、中央構造線の外帯側に関東から九州まで同じ地質帯が続いている。

地学の教科書に河岸段丘の代表的な場所として沼田が紹介されており、その凄さを見たいがために東京に学生で出てきて最初に沼田を訪れたのだそうだ。エンディングでは、河岸段丘が見渡せる場所で「地形好きの原点はこれなんです」と懐かしそうに語り、「この沼田の河岸段丘から地形好きがはじまったんですよ。ここは思い出の土地です。はじめて地形に興味を持って、駅に降り立ってあの坂を見たのは50年前、忘れもしません。あの坂。あの坂は昔のままです」としんみり語っていた。

「長瀞」と「沼田」の回は、タモリさんの地形好きや地質好きが垣間見えて印象的だったが、ふと「なぜあそこまで楽しそうに熱く語れるのだろうか」という疑問が湧いてきた。もちろんタモリさんにしかその理由はわからないのだが、タモリさんの頭の中では、長瀞の結晶片岩や沼田の河岸段丘が長い年月をかけて、自然がつくりあげていく過程を想像してそのスケールの大きさに感動していたのかもしれないと推察する。その域に到達するには豊富な知識と想像力、あるいは

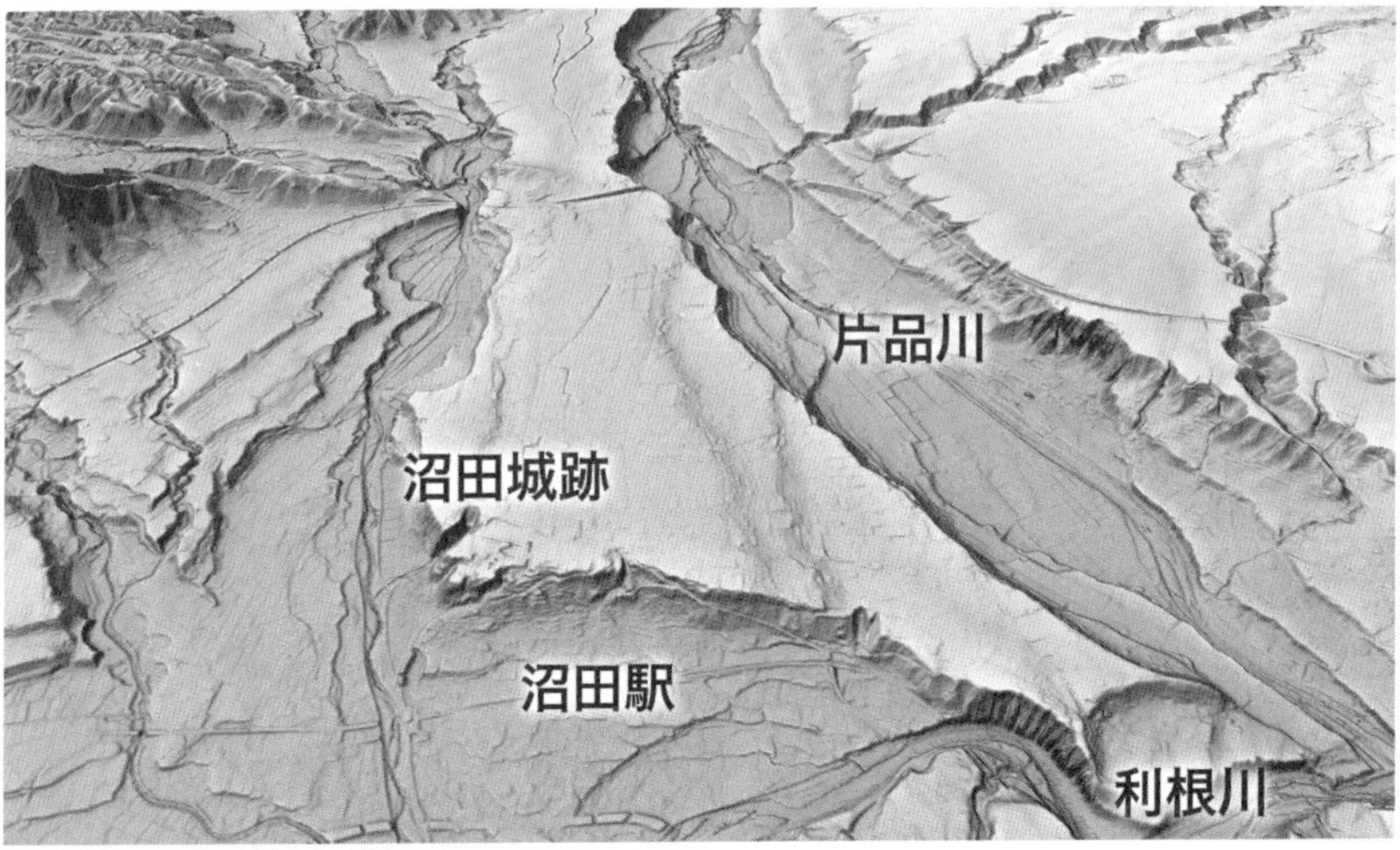

沼田の河岸段丘
一帯は、15万年前は湖だった土地である。堆積した土砂は平らな土地を形成し川の流れが地面を削り、土地が隆起すると下刻作用で川は下に下がっていき数万年かけて何段もの段丘が生まれたのだ。

妄想力が必要なのかもしれないが、岩や地形を見て心底楽しんでおられるタモリさんが羨ましく思えた。

「ブラタモリ」で共感するのは、案内人の方々が投げかける疑問に対してタモリさんがご自身でその答えを考え導き出すところにもある。地形散歩を楽しむヒントがそこにあるわけで、「なぜ、そうなったのか」「かつてはどのような場所だったのか」などを自分で考え、自分なりの答えが導き出せるようになればもっと楽しくなるはずである。

地形散歩の醍醐味は、気づきや発見、疑問などの答えを調べて自分の知識としていくところにあると思う。それをタモリさんや「ブラタモリ」で教えてもらったように思うのだ。いつか私もタモリさんのように、岩や地形を見ただけで心底喜べるような「タモリ脳」になりたいものである。

**「きぬかけの路」沿いにある層状チャートの露頭**
海溝ではぎ取られたものが大陸プレートの一部となりこの場所に存在しているのだ。

## 目の前の石ころに日本列島誕生のドラマを観る

「ブラタモリ」を観ていると様々な岩石が出てくるのだが、自分がいかに岩石の種類を見分けられないかを実感させられる。そもそも岩石が面白いと思える人は少ないと思うのだが、タモリさんや地質学者は岩石を見て喜んでいるのが不思議でもあった。そこには、きっと一部の人にしかわからない魅力があるはずである。私もその面白さを知りたい。それが岩や石、地質に興味を持ち出したきっかけでもあるのだ。

地形歩きをしていると、いろんな石を見つけることがあるが、その石がどのようにしてできて、どのような経緯でここに存在しているかを考えるようにしている。

たとえば京都の寺院には様々な種類の石が庭園などに利用されているが、そのほとんどは京都近郊から採取してきたものと思われる。

枯山水庭園で有名な龍安寺の石庭では、幅25メートル、奥行き10メートルほどの敷地に白い砂利が敷き詰

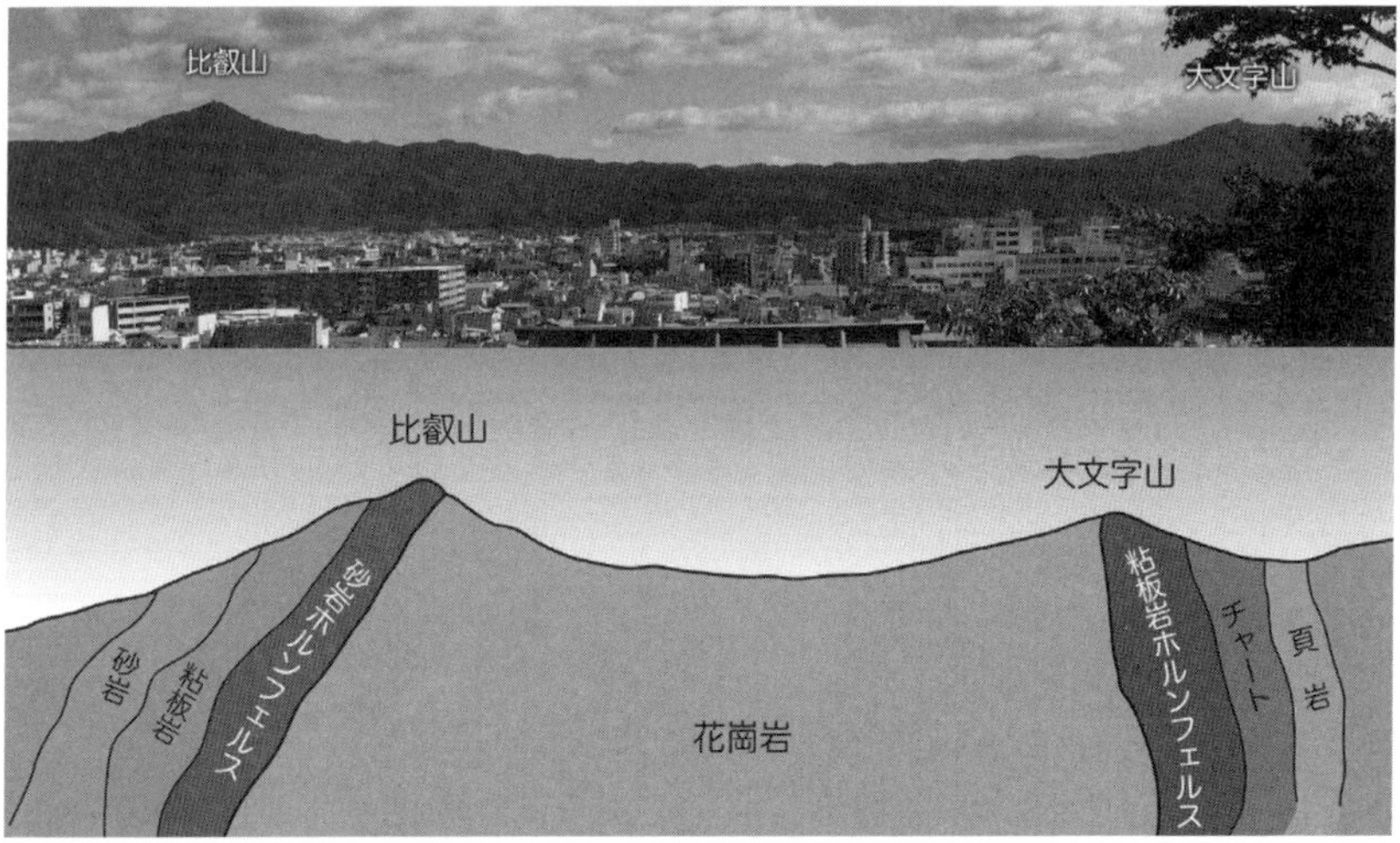


**比叡山と大文字山の間の模式断面図**

約9800万年前に高温の花崗岩が貫入して周囲の丹波層に熱変成作用を与え、境界にホルンフェルスという熱変成岩が生まれた。比叡山と大文字山は硬い変成岩のため浸食されずに残り、その間の花崗岩は風化して窪んでいるのだ。

められ、その中に15個の石がバランスよく配置されている。石のまわりには、緑の苔が楕円を描き、まるでそれぞれの石が島のようにも見える。

白い砂利は白川で採取された白川砂であろう。

京都盆地の北東部にある比叡山と大文字山の間には、2つの山に挟まれる形で凹んだ場所に北白川花崗岩地帯がある。そこから、白川と音羽川の2つの河川が盆地に流れており、河床には花崗岩が風化した砂利が堆積している。このエリアで採れる砂利は「白川砂」として京都の神社や宮廷、寺院庭園に使われてきた歴史があり、石庭の白い砂利もかつてはそこから持ってきたものと思われる。かつてと書いたのは、現在では「採石法」により採石が禁止されているからである。

バランスよく配置された石は、層状チャートや玄武岩、砂岩や礫岩などが利用されており、どれも京都盆地近くで採取可能な岩石である。

たとえば京都盆地の北部に分布する層状チャートは、海洋プレートに乗って長い年月をかけて太平洋沖から運ばれてきたものである。深い海底では、放散虫とい

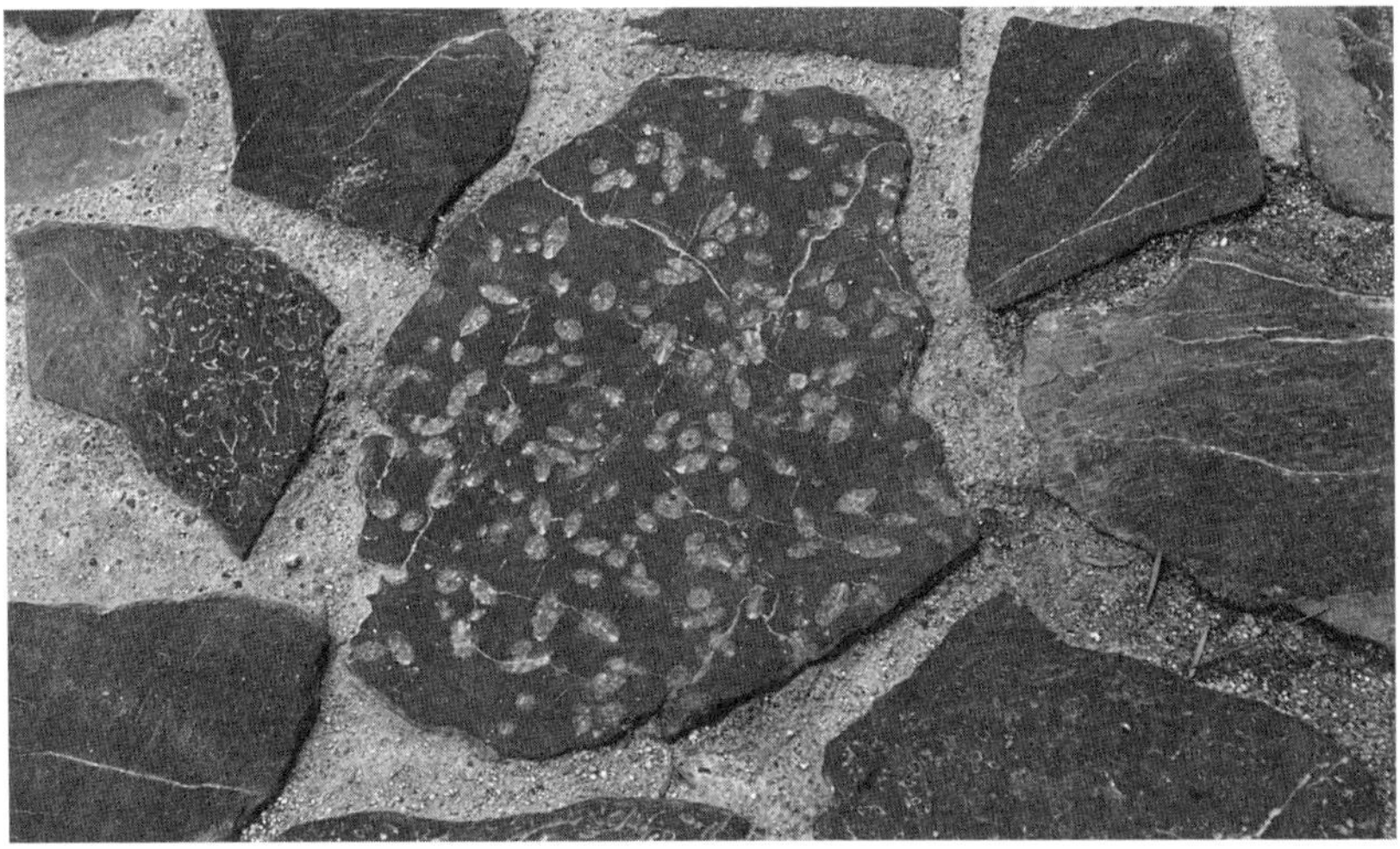

**銀閣寺山門前の石敷き**
ホルンフェルスの石が敷き詰められており、所々に見える白い模様は菫青石である。

う数十ミクロンから数百ミクロンの小さいプランクトンの遺骸も堆積するが、放散虫の化石を含んだ堆積物は数億年かけて硬い岩石となり、大陸プレートの海溝に沈み込む時にはぎ取られて付加体となり、隆起して地上に現れているのだ。

龍安寺の近くには「きぬかけの路」という名前の道路が通っているが、道沿いの崖に層状チャートの露頭を観察することができる。

また銀閣寺の山門前に続く緩やかなスロープには黒い石が敷き詰められている。これは泥質ホルンフェルスという岩石で、地球内部から上昇した高温の花崗岩マグマの貫入により泥岩が熱変成で硬く緻密になったものである。銀閣寺の裏山にある大文字山が泥質ホルンフェルスで構成されており、北側にある比叡山は砂岩が熱変成を受けて硬い砂岩ホルンフェルスとなった山で、比叡山と大文字山の間の花崗岩地帯が風化作用で窪んでいるのだ。

敷石をよく見ると白い粒の模様がある石がある。これは菫青石《きんせいせき》という変成鉱物で、泥質の接触変成岩には

**亀岡の桜石（亀岡市文化資料館）**
菫青石は、泥岩が花崗岩の熱を受けて変成してできたホルンフェルスに、変成鉱物として生成されることがある。亀岡産の桜石は京都を代表する鉱物として全国的にも知られている。

よく見られるものである。断面が花の形に見えることから桜石とも呼ばれ、亀岡の桜石は形が美しく有名だ。適度に風化して絹雲母化していることもあり、指で簡単に割れるほど柔らかい。桜天満宮の裏山で見ることができるが、天然記念物でもあり、桜石を採取することは禁止されている。地質図を見ると桜石がある山の北側の山は花崗岩質で、それによって熱変成作用を受けたのであろう。銀閣寺や大文字山に登る機会があれば、ホルンフェルスや菫青石を探してみるのも面白いかもしれない。

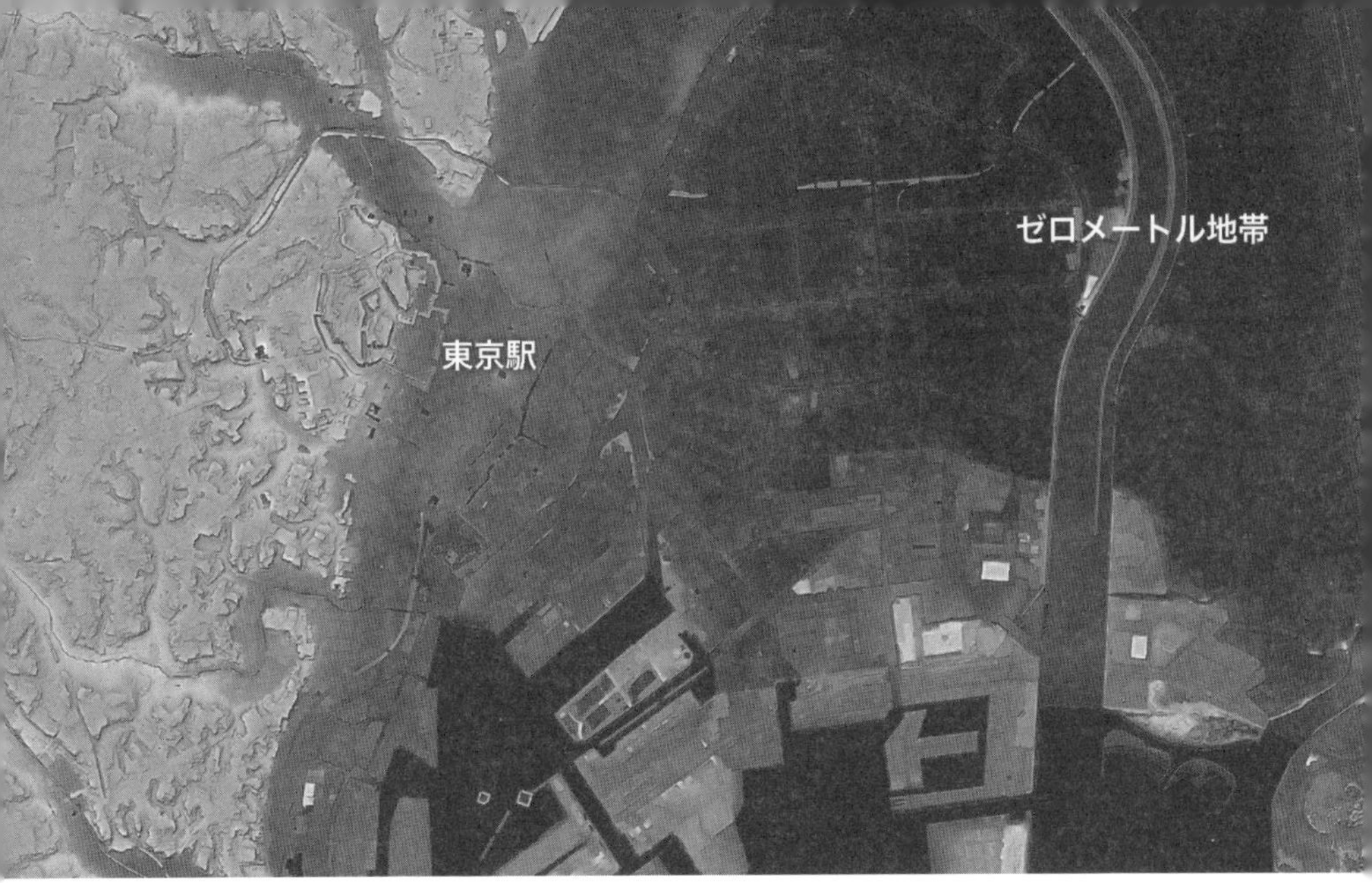

東京駅周辺の地形図
東京駅の東側には低地が広がり、荒川周辺にはゼロメートル地帯が広がっている。。

## 人と自然との関わりが町をつくっている

日本の国土は山地面積が多く、山地と丘陵地が占める割合が7割にもなるという。その多くが森林で、国土のおよそ3分の2を占めており、日本は世界各国のなかでも森林にめぐまれた国土であるのだ。ちなみに、国土に占める森林面積の割合を国別に見ると、フィンランド73・1%、日本68・5%、スウェーデン68・4%という順番になる。北欧の国と同等と考えると驚きであるが、逆に考えると日本は平地が少ないともいえ、国土交通省のデータでは、国土の10%にあたる洪水氾濫区域に人口の51%、資産の75%が集中しているという。

洪水氾濫区域とは沖積平野の大部分がそれにあたり、元々河川が氾濫を繰り返してできた土地である。三大都市である東京都区部・大阪府大阪市・愛知県名古屋市周辺の地形図を見ると、中心地はどこも河川が形成した氾濫原に位置している。しかも共通していることとして、高度経済成長時代に地下水を汲み上げすぎて

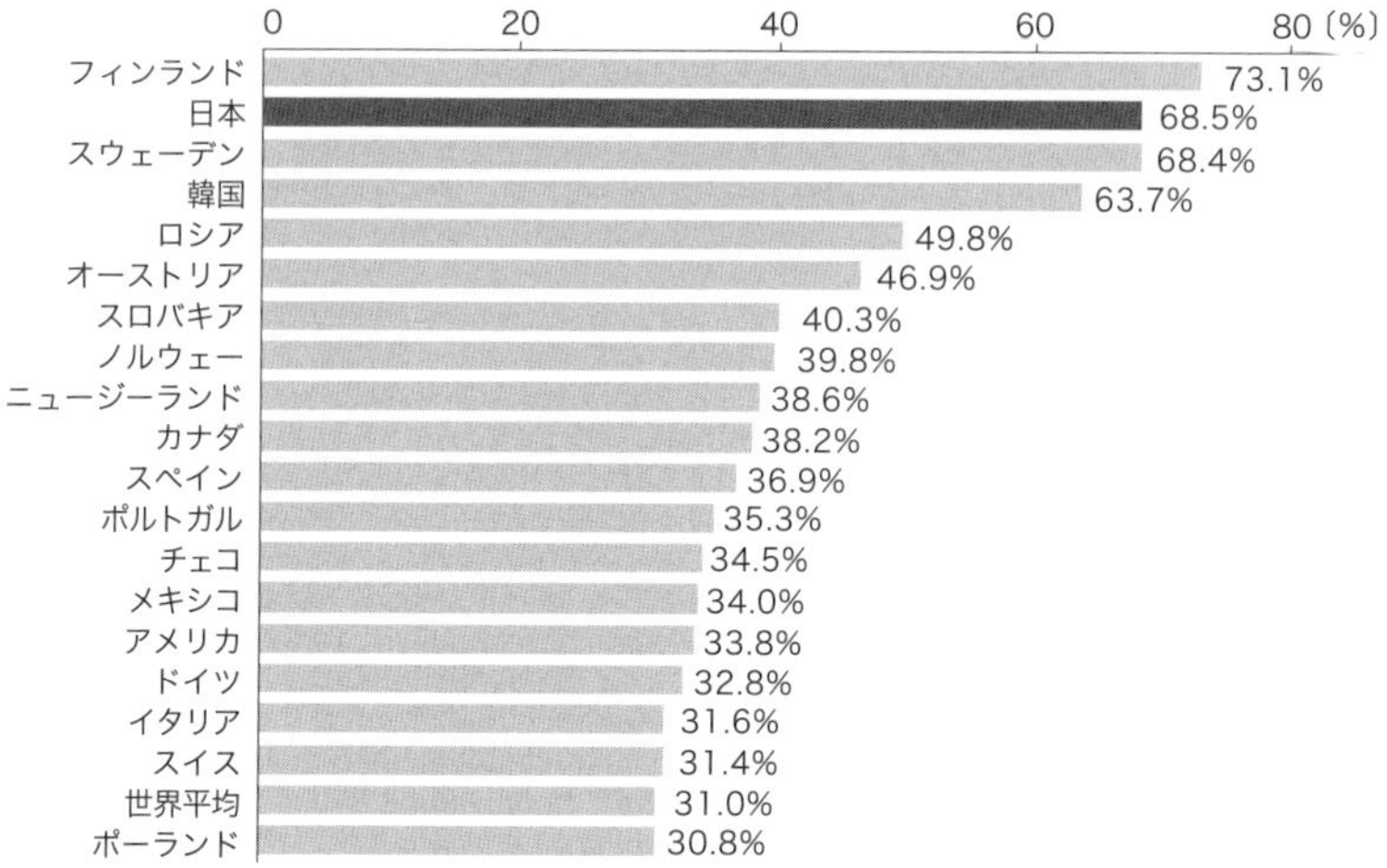


**世界各国の森林面積（国土面積に占める森林面積の割合）**（出典：「森林・林業学習館」http://www.shinrin-ringyou.com/）

地盤沈下を起こしゼロメートル地帯が広がっているのだ。そのため、高潮対策などで防潮堤を高くしており、塀で囲われた都市になっている。弥生時代から人々は水田を営むために沖積平野の微高地に集落をつくったが、大きな洪水が起きるたびに集落ごと流された歴史を持つ。そんな土地に近世以降も洪水の被害を乗り越えながら住み続け、近代に入って大規模な堤防や防潮堤、放水路の開削などによって治水対策を施して町を広げていったのである。

日本は諸外国に比べて地震や火山噴火が多い国でもある。全世界で起こったマグニチュード6以上の地震の20・5%が日本付近で発生し、111山の活火山が日本にあり世界の活火山の7%を占めるという。数字だけ見ていくと、日本というのは何とも住みにくい国のように感じるが、日本人は様々な自然災害を乗り越え、自然を巧みに利用して独自の文化を育んできたともいえる。火山の近くにある温泉地はまさに過酷な自然環境を逆手にとった施設であろう。

その他にも、急峻な地形を流れる川の流れを利用し

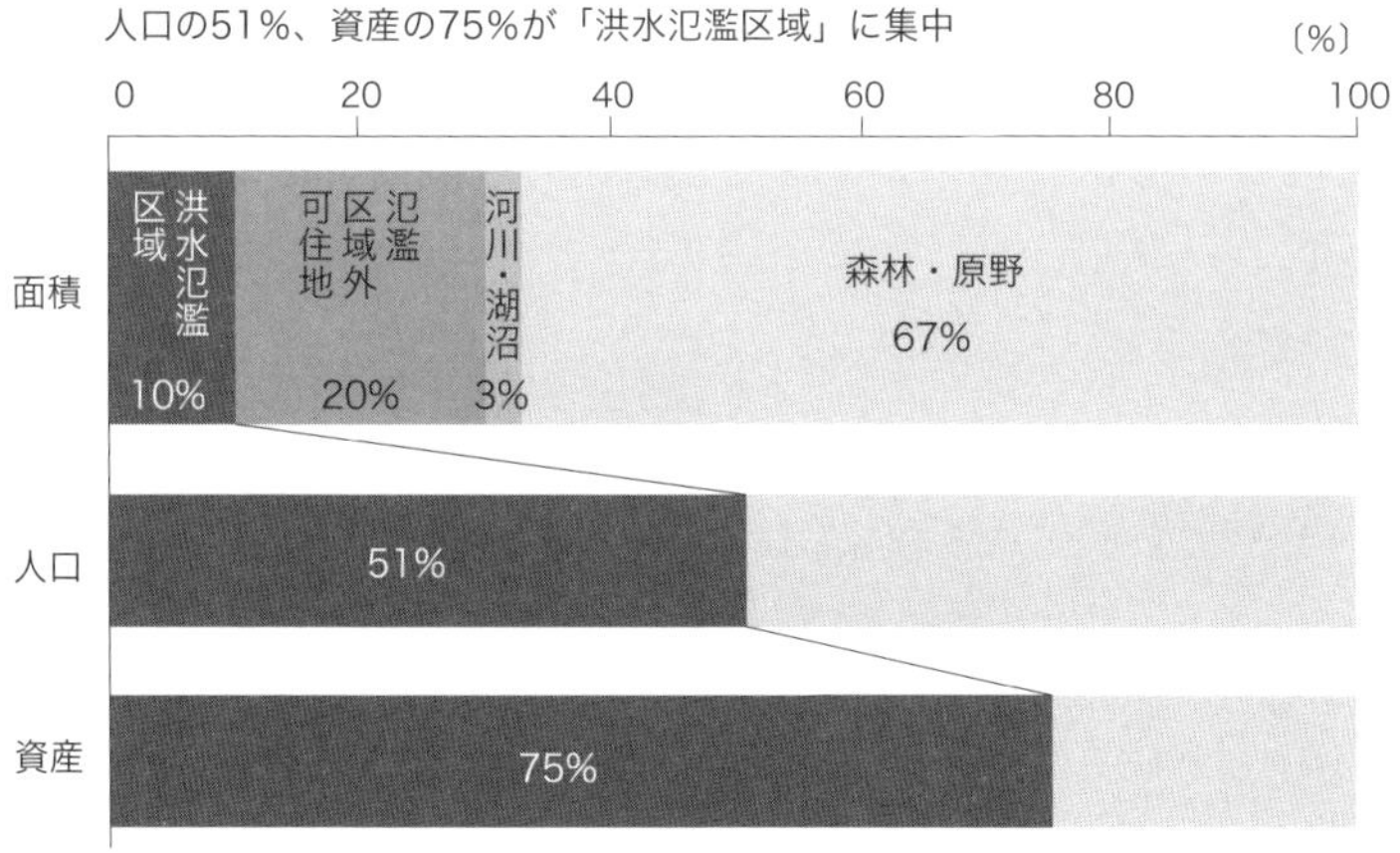


洪水氾濫域における資産　(出典：国土交通省資料)

て、生駒山地や六甲山地では水車を利用した産業が盛んになった。天下の台所といわれた大阪に近いこともあり、菜種油絞り、精米や製粉、薬種の粉末加工などに利用され、近代に入ると生駒山麓では細く長い形状の鉄鋼製品等をつくる伸線業に利用され発展していった。

北関東や甲信、南東北などの山間部の盆地では養蚕が盛んに行われた。盆地の傾斜地は土砂が堆積した土地で水田に適さなかったが、水はけのよい土地を好む桑の栽培には最適で、桑畑と蚕を育てる農家が増えて日本の近代産業を下支えするまでに発展していった。しかし昭和初期の世界恐慌を境として養蚕業が次第に衰退していくと、戦後は桑畑が果樹園に変わっていく。その後の高度経済成長も相まって果実の需要が増大して再び盆地地域の産業は息を吹き返したのである。

地形や地質と関係の深い産業として焼き物も忘れてはならない。日本人と焼き物の歴史は縄文時代にさかのぼるが、地域の土や地形と密接につながりながら、大きく陶器と磁器に別れて発展していった。このよう

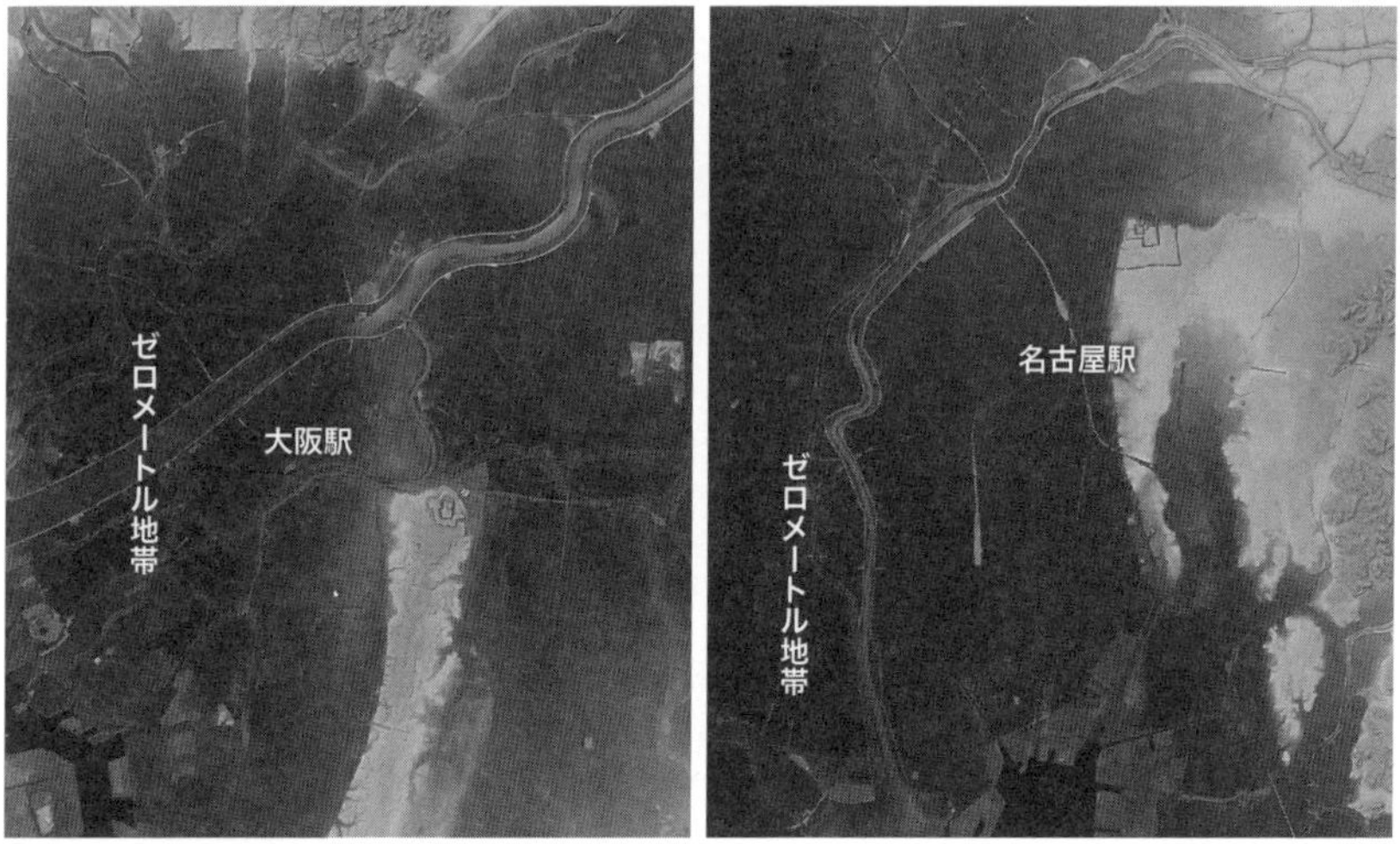


**大阪駅と名古屋駅周辺の地形図**
駅周辺には低地が広がり、湾に近づくにつれてゼロメートル地帯が広がる。両都市とも広範囲で地盤沈下が起こった。

に町のなりたちは、地形や地質と密接につながっており、人と自然との関わりが町の文化や魅力を形づくっているのだ。

学生時代に学んだはずの地形と地質を頭の中で整理することで、町の成り立ちを読み解く土台がつくられるはずである。その知識は、災害時の適切な判断につながっていくかもしれない。

私たちは自然の摂理の中で暮らしている。国や自治体によって防災対策や治水対策などが施され安心して暮らしているが、その対策の外側も知っておくことが大切である。地形散歩は防災散歩でもあるのだ。

# 第2章
# 「まちなか」で楽しむ地形散歩

**上町台地の地形図**
上町台地の先端部には大阪城があり、淀川と大和川の２つの大河が合流する要害地であった。

## 上町台地と熱田台地──高低差と歴史の古層を楽しむ

日本人の約7割が平野に住んでいるといわれるが、平野は大きく「台地」と「低地」に分けられる。「台地」には、河岸段丘や海岸段丘、隆起扇状地などが含まれ、「低地」には河川沿いに発達した扇状地や氾濫原、三角州などがある。この章では、多くの日本人が暮らしている「台地」を中心に、それと関連した地形歩きの要点を紹介していきたい。

そもそも「台地」とは何かというと、『地形学辞典』には、比較的高度が高く面積の広い平坦な表面を有し、一方またはそれ以上の側面が急に低地へ下がっている地形であると記されている。東京・大阪・名古屋にはそれぞれ武蔵野台地や上町台地、熱田台地などがあるが、同じ台地でもイメージが異なるため、それらの特徴について見ていきたいと思う。

上町台地は広大な大阪平野の真ん中を南北に伸びる細長い高台で、その北端の突端部に豊臣秀吉が大坂城を築いたことで知られるが、古くは飛鳥時代と奈良時

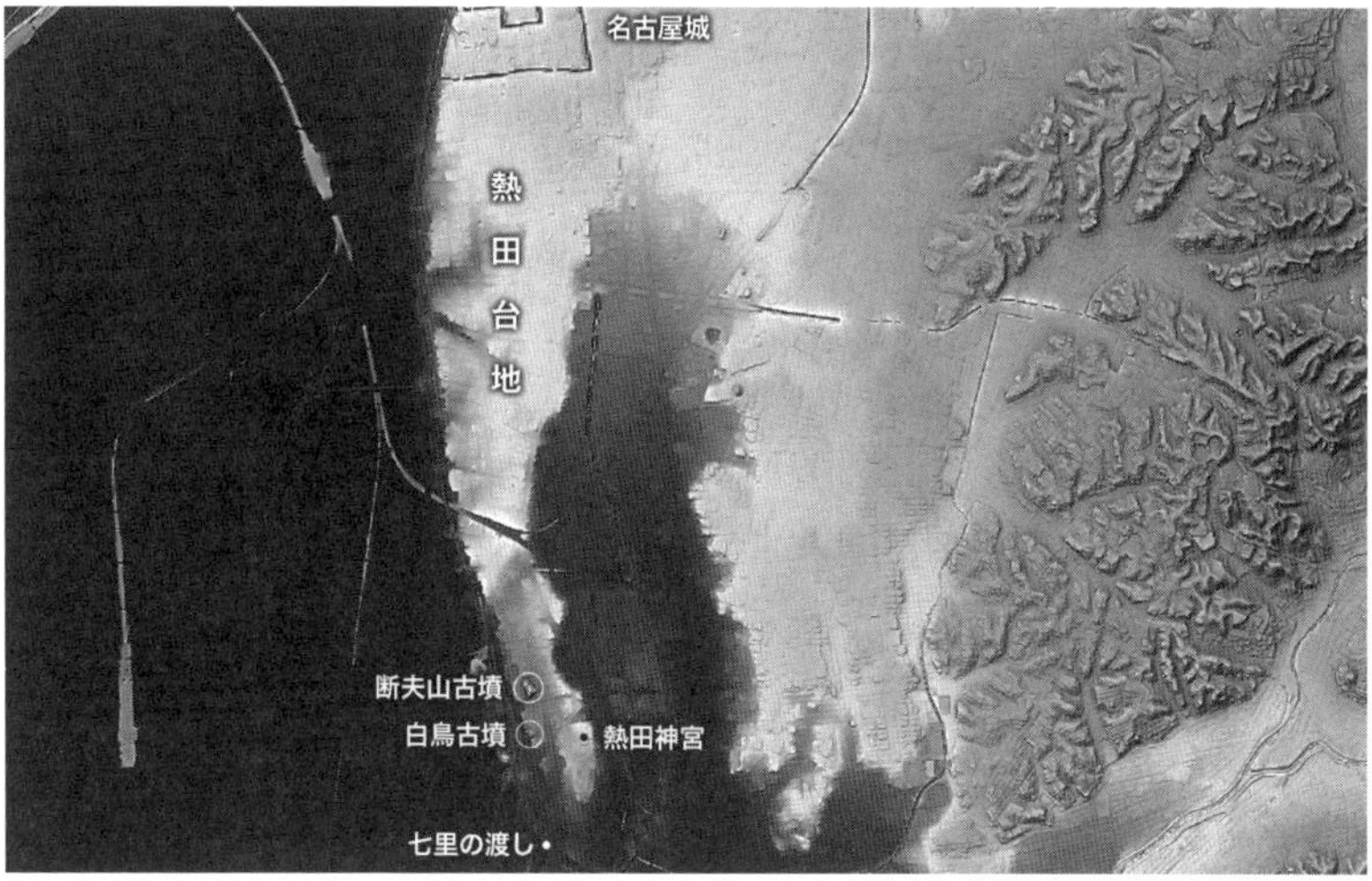


**熱田台地の地形図**

熱田台地で最も標高が高い北端には名古屋城があり、海に近い南端には熱田神宮がある。先端部の西端には前方後円墳があり古代から要衝だった場所だ。

代に難波宮の宮殿が置かれた大阪平野の要衝でもある。

上町台地は、大阪層群と呼ばれる堆積層で形成されており、西側の低地には上町断層が通っている。東西方向の強い圧縮力を受けて上町断層を境に東側が西側の上にのし上がる格好になって隆起した逆断層の地形となっている。縄文時代に起こった海進によって大阪平野の大部分は海の底に沈んだが、上町台地は半島のように存在し、台地の西側には波によって削られた崖が海食崖跡として残っているのだ。

歴史上最初に上町台地と思われる高台が登場するのは、4世紀頃に仁徳天皇が置いたとされる難波高津宮である。6世紀末には聖徳太子によって四天王寺が創建され、7世紀には孝徳天皇による難波長柄豊崎宮(前期難波宮)が、8世紀には天武天皇によって後期難波宮が置かれたのだ。上町台地を歩くときは、江戸時代から戦国時代、さらには古代にまで遡って地形に残された痕跡を捜し歩くことになる。その壮大さは他の台地とは違う魅力が潜んでいるのかもしれない。

名古屋の熱田台地も上町台地とよく似た印象だ。熱

**難波宮跡**

平城京が長岡京に遷都するまでこの地には副都としての宮殿が置かれていた。長岡京遷都の時に建物は全て移設されたといわれる。

田台地も南北に細長く、北端の最も高い場所には徳川家康が築いた名古屋城がある。南端には三種の神器・草薙剣を祀ることで知られる熱田神宮があり、6世紀初頭に築造されたといわれる東海地方最大の前方後円墳・断夫山古墳や白鳥古墳などがあることから、古代から要衝地であったことがわかる。

その成り立ちは、海進と海退を繰り返す間に堆積した土地が隆起した段丘面を持ち、低地と高台の境は海進時に波が削ったと思われる高低差がある。熱田神宮から少し南下した所に「七里の渡し」の石碑があるが、東海道五十三次の41番目の宿場・宮宿（熱田宿）があった場所で、ここから桑名宿までを海路でつなぐ渡し場であった。江戸時代は東西交通の要衝だったことがうかがえる。

2つの台地には、古代から近世にかけての歴史が古層に眠っている。古代の海岸線を妄想しながらたどっていくと、まだ誰も気付いていない歴史の痕跡を見つけることができるかもしれない。

神田川橋梁を渡る東京メトロ丸ノ内線
起伏に富んだ地形のため、東京では地下鉄が地上に現れる場所がところどころにある。

## 武蔵野台地——世界に誇れる稀有な地形と景観

上町台地や熱田台地とまったくイメージが異なるのが武蔵野台地である。

武蔵野台地は、関東山地を源流とする多摩川が形成した青梅を扇頂とする広大な扇状地を基盤としており、その上に火山活動による火山灰が堆積し、それが風化してできた関東ローム層が10メートルほど厚く堆積した洪積台地である。洪積台地とは、更新世後期に形成された平坦面が、地盤の上昇あるいは海水面の低下に伴って台地化した地形の総称で、この間に海水面の上昇が複数回あったことに関係する。

武蔵野台地と低地との関係性を山手線の駅で見ていくと、目黒駅～渋谷駅～新宿駅～池袋駅～駒込駅までが台地の上を通っており、田畑駅～上野駅～東京駅～品川駅～五反田駅までが低地を走る。山手線内の地名には、渋谷、四谷、千駄ヶ谷、市ヶ谷、茗荷谷、神谷町など谷がつく地名が多いことに気づく。東京の都市部には、無数の谷がひしめき合うように連なっている

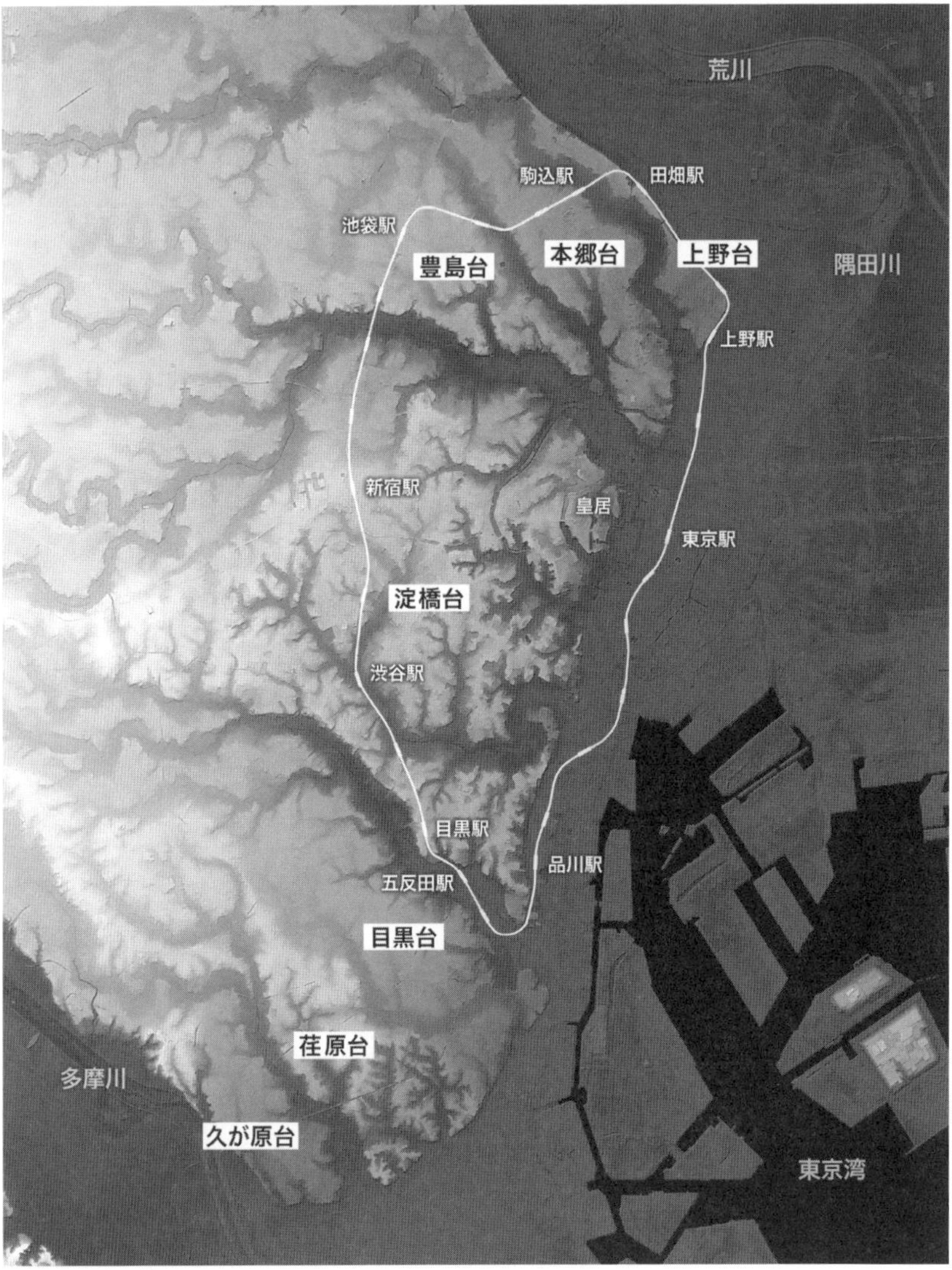


武蔵野台地の地形図
東京は大きく7つの丘に分かれ、谷地形が鹿の角のように枝分かれし、先端部が密になっているのが特徴である。

のである。ちなみに皇居がある江戸城跡が築かれた地形は、武蔵野台地の東の突端部になり、天守閣から眼下を眺めると、海岸線や沖積平野が広がっていた光景は、大坂城や名古屋城とも似ていたかもしれない。

武蔵野台地の東端は、6つの河川が谷を刻んで分断して大きく7つの台地に分かれており、それぞれ上野台、本郷台、豊島台、淀橋台、目黒台、荏原台、久が原台と名前がついている。そのうち、淀橋台と荏原台は下末吉面に、その他は武蔵野面に分類されている。地形図を見ると、それらは明らかに谷の形状が異なることがわかるだろう。

下末吉面は、無数の谷が台地全体に広がり、鹿の角が枝分かれをしたように深い谷を密に刻んでいる。一方、武蔵野面は刻まれた谷の幅が広くなだらかだ。地形のなりたちを見ていくと、下末吉面は約12〜13万年前の最終間氷期に海進によって海水面が上昇して遠浅の海底面にあり、海底では土砂や火山灰などが均一に堆積した平坦な地形であった。海退が進むと標高が高い下末吉面は陸地化も早かったと考えられる。約1・5〜2万年前の最終氷期では現在よりも海水面が約100メートルも低下し、河川や雨水が台地を削り谷を無数に刻んでいった。約6000年前には再び海水面が上昇する。いわゆる縄文海進の時代に、台地では樹枝状の開析谷が発達していったと考えられるのだ。一方の武蔵野面は、下末吉面よりも標高が低いことで陸地化が遅かったために、浸食谷が浅いのだと考えられる。

18世紀に約100万人を誇る世界一の都市となった江戸の町は、このような凸凹地形を巧みに活かして水道網などのインフラを整備し、計画的に町がつくられていったのだ。

初期の「ブラタモリ」では、そんな江戸時代の痕跡を、絵図や江戸切絵図、古地図などを使って探し歩きをしていたように思う。しかし、いつしかタモリさんの地形好きの視点が加わり「地形散歩」というカタチができていったように思うのだ。

**江戸城の外堀跡にある釣り堀**
弁慶濠とも呼ばれる江戸城の外堀跡は谷地形を利用してつくられたものだろう。どこか懐かしい雰囲気が漂う東京のもう一つの風景である。

武蔵野台地は、無数の深い谷がひしめき合う世界でも稀有な地形の都市である。町を歩くといたるところに坂道があり、窪地の下には民家の屋根が広がり、その向こうの丘の上にビル群が見える。こんな光景は東京だけの風景なのだろう。東京は坂道が多いと言われるが、樹枝状に枝分かれした深い谷が無数にあるからで、台地と低地の間に坂道がたくさんつくられた。東京は坂の町であり、谷の町でもあるのだ。

がま池下の窪地
木造の住宅地がひしめく谷地形と、丘の上には高層マンションがそびえるスリバチ地形ならではの景観。

## スリバチ地形――谷を愛でる歩き方

スリバチ地形とは学術的な用語ではない。東京スリバチ学会の皆川典久氏らが提唱する呼び名で、いわゆるすり鉢状で4方向を囲まれた窪地を「一級スリバチ」とし、3方向を崖で囲まれた谷戸や谷津といわれる地形は「二級スリバチ」、2方向を坂で挟まれた谷地形は「三級スリバチ」と定義している。三級スリバチであっても、坂の上から向かいの丘を望む景観は東京でしか見ることができない独特の風景を生み出しており、そのような地形を称して「スリバチ」なのである。

武蔵野台地の東端は谷が多くて坂道も多い。坂道の多くは向かいにも坂道があり、U字状の形状になっている。また、坂の下はどこか懐かしい木造家屋などが建ち並ぶ下町で、丘の上には高層ビル群が立ち並び、下町の屋根と高層ビルとのコントラストが見事な景観を生みだしているのだ。こんな風景は東京以外にないだろう。そんな東京ならではの独特の景観がいたるところに点在しているのが、スリバチ地形の魅力でもあ

**東京スリバチ学会のフィールドワーク**
谷の底に下りていく一行の目の前に緑あふれる丘が迫る。こんな風景は東京にしかないだろう。

る。

武蔵野台地は、地表を関東ローム層が10メートルほど覆っており、その下部に砂礫層や粘土層が堆積している。砂礫層は空隙が大きく、その空隙に蓄えられた地下水は勾配に従って低い方へ流れて地表と接した所から湧き出す。武蔵野台地の東端はそのような湧水地が多くあり、それが谷頭となって無数の谷を形成しているのだ。

谷を見つけたらまずは谷頭を目指して歩きたくなるのが、地形マニア共通の習性である。本能の赴くまま何かに誘われるように谷頭へ向かっていくと、途中には様々な気になるポイントが点在している。雰囲気のある階段や路地や暗渠、足元にはマンホールや井戸や路上園芸、どこからか猫の視線を感じながらも、階段の上には飼い犬がいたりとついついカメラをそんな被写体に向けてしまう。谷頭の湧水地は、池になっているところもあれば、江戸時代の武家屋敷の庭園だったりもする。

再び坂道を上ればそこからは民家の屋根越しに高層

**東福院坂（天王坂）**

坂道を下るとその向こうに須賀神社へ上る階段がある。谷地形を横から見ているのだが、深い谷が刻まれていることがわかる。

マンションやビル群が立ち並ぶ光景が見えるだろう。これこそスリバチ地形の代表的な景観である。

巨大都市東京の足元には無数の谷がひしめきあい、谷の下には低層の住宅地が、台地の上には最先端の高層ビルが建ち並ぶ。こんな町は世界中どこを探しても見当たらないだろう。

とっておきの景観を探し歩くのもスリバチ地形散歩の醍醐味である。東京の町を歩くときは脇道に逸れてみよう。そこには素敵な景観があなたを待っているはずだ。東京スリバチ学会の皆川会長は言っている。「わき道に逸れてみたら、そこはスリバチだった」と。

**一級スリバチ・荒木町の津の守弁財天**

窪地の底に「策（むち）の池」と呼ばれる湧水を集めた池がある。徳川家康が鷹狩りの帰りに策を洗ったと伝わる。

**青木坂（富士見坂）**

江戸時代の中期以後、旗本青木氏の屋敷があったために呼ばれたといい、富士山が見えることから富士見坂とも呼ばれたという。

心眼寺坂
右手のグラウンド周辺が真田丸跡と考えられており、「ブラタモリ」のロケでタモリさんが「いい坂だね」といった坂道である。

## 坂道——坂が素敵な景観を創り出す

一口に「坂道」と言っても、いい坂道もあればそうでない坂道もあるだろう。いい坂道とは何か。それこそ受け取り手によって様々だと思うが、それを定義した人たちがいる。それが「日本坂道学会」であり、副会長のタモリさんだ。タモリさんは、２００４年に出版された『タモリのＴＯＫＹＯ坂道美学入門』（講談社）で、いい坂道の条件として、①勾配が急である、②湾曲している、③まわりに江戸の風情がある、④名前にいわれがある、と言っている。なかなかわかりやすい定義だと思うが、「あぁ、そうか」と思ったことがひとつある。「ブラタモリ」の大阪ロケで私が「真田丸」を案内した時に、緩やかにカーブする真田丸へ向かう坂道の下でタモリさんが「いい坂だね」と言ったことを思い出した。まさに、湾曲している部分にいい坂道を感じておられたのだろう。

さて、東京23区には名前がある坂だけでも８００を超える坂があるという。江戸時代につけられたと思わ

**須賀神社の階段**
映画「君の名は。」のポスターやラストシーンで有名になった坂道だ。

れるものは名前を見ているだけでも興味深い。たとえば、仙台坂、南部坂、青木坂、北条坂、道源寺坂などは坂の上にある武家屋敷や寺を目印として付けられている。潮見坂、汐見坂、富士見坂などは地形や景観などから付けられたのだろう。東京23区にはいくつもの富士見坂があるが、いい坂道の名前は各地に伝播していくのかもしれない。

その他にも狸坂、きつね坂、鼠坂、まむし坂、芋坂、幽霊坂、おいはぎ坂…と、なんとなく江戸時代の情景が読み取れるようであるが、当時の坂道は木々が生い茂り薄暗かったのかもしれず、夜になると、狸やきつね、さらには幽霊やおいはぎまで出没したのかもしれない。

大阪は、かつては大坂と記されたように坂が付く地名であるが、坂道が極端に少ない町でもある。大坂城が築城される前にあった石山本願寺のあった場所が「大坂」の地名の由来である。本願寺がこの地につくられた1499年に、蓮如が門徒衆に送った手紙の中に「摂州東成郡生玉之庄内大坂」とあり、これが「大

天王寺七坂の口縄坂
江戸時代は坂の起伏が蛇に似ていたのかもしれない。桜の季節がとても美しい坂道でもある。

**京都・産寧坂（三年坂）**

清水寺の子安の塔に続く坂であるため産寧坂といい、産は「うむ」、寧には「やすらか・おだやか・安心する」という意味がある。

坂」の初見とされている。おそらく石山本願寺がつくられた高台へ向かう坂道があったのだろう。

天王寺周辺にも「天王寺七坂」と呼ばれる坂道がある。それぞれ真言坂、源聖寺坂、口縄坂、愛染坂、清水坂、天神坂、逢坂と付けられているが、面白いのは口縄坂である。口縄とは蛇のことで、坂道の下から眺めると、道の起伏がくちなわ（蛇）に似ているところからこの名が付いたといわれている。

京都では、産寧坂、二寧坂、一念坂、清水坂、五条坂など有名な坂道がすぐに思い浮かぶが、八坂神社も八つの坂と書く。八坂の由来は、八本の坂道や古代氏族八坂氏など諸説あるようだ。

名前の由来や坂道がつくる景観など坂道の魅力は様々である。全国には名もない坂道が無数にあると思うが、自分だけの大好きな景観と出合えることも坂道の魅力かもしれない。

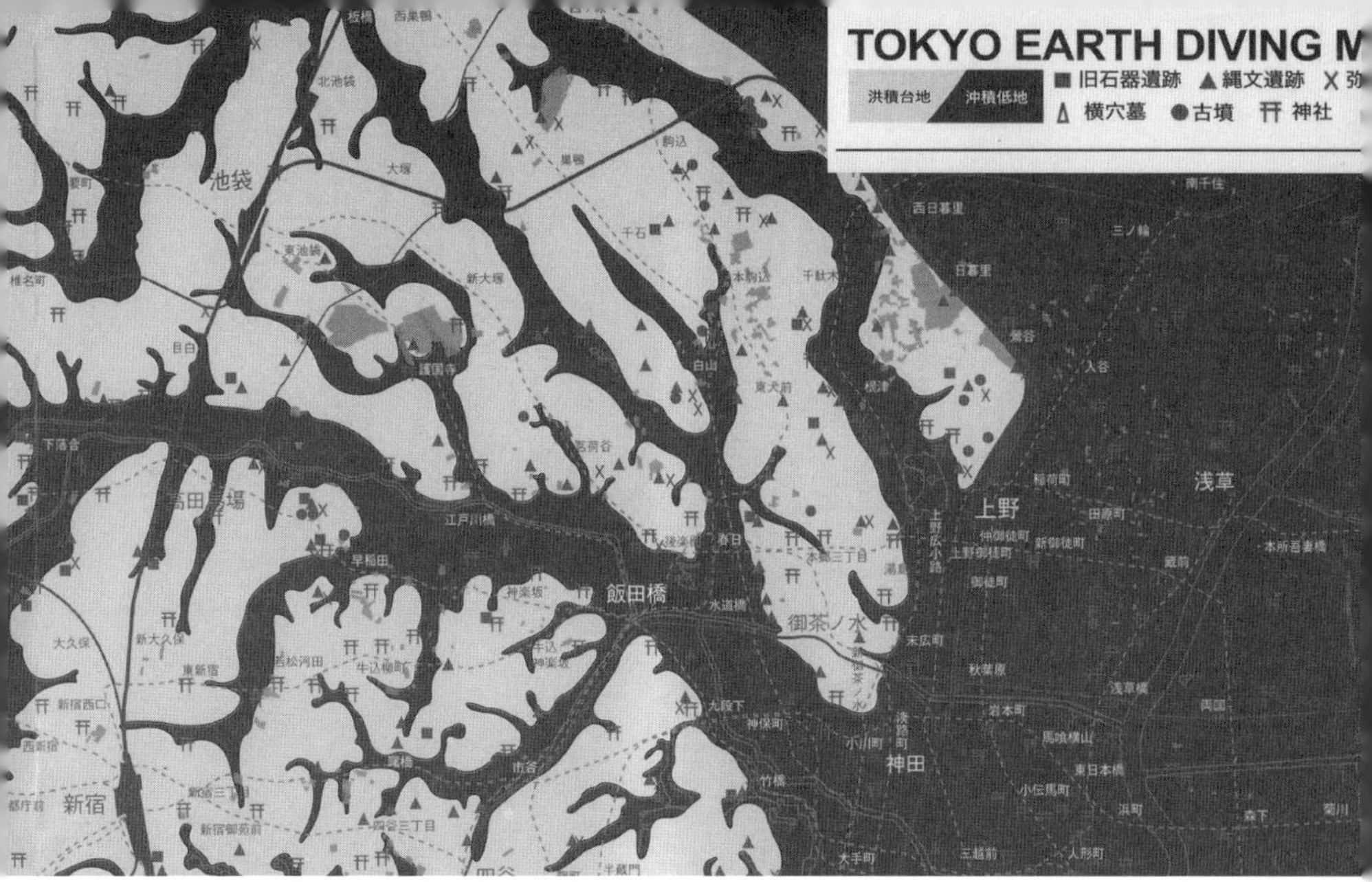


東京アースダイビングマップ

縄文海進時の東京の地形に旧石器遺跡、縄文遺跡、弥生遺跡、横穴墓、古墳、神社、墓地などがプロットされている。(出典：中沢新一『アースダイバー』講談社、2005年)

## アースダイバー——古代の海岸線を妄想する

「アースダイバー」とは、中沢新一氏が提唱する町の散歩方法で、自身はそれを「アースダイバー式」と呼んでいる。「アースダイバー式」は、海水面が現在よりも数メートル高かった縄文海進期の海岸線を記した地図を片手に、現在の町を当時の海岸線をたどりながら歩くのだが、その地図には縄文遺跡や弥生遺跡、古墳や神社、墓地などがプロットされており、古代人にとって聖地であったであろう場所などをたどりながら、それぞれの町の成り立ちなどをひも解いていくのである。

中沢氏は『アースダイバー』のエピローグでこのようなことを書いている。

「(前文略)神田川のほとりを『モーゼとアロン』を聴きながら井の頭公園に向かって歩いていたとき、ひょっとしたら東京という都市の魅力は、ほかの大都市ではすでに完全に見えなくなってしまっている人間の精神層が、なにかの理由で地表近いところにむきだし

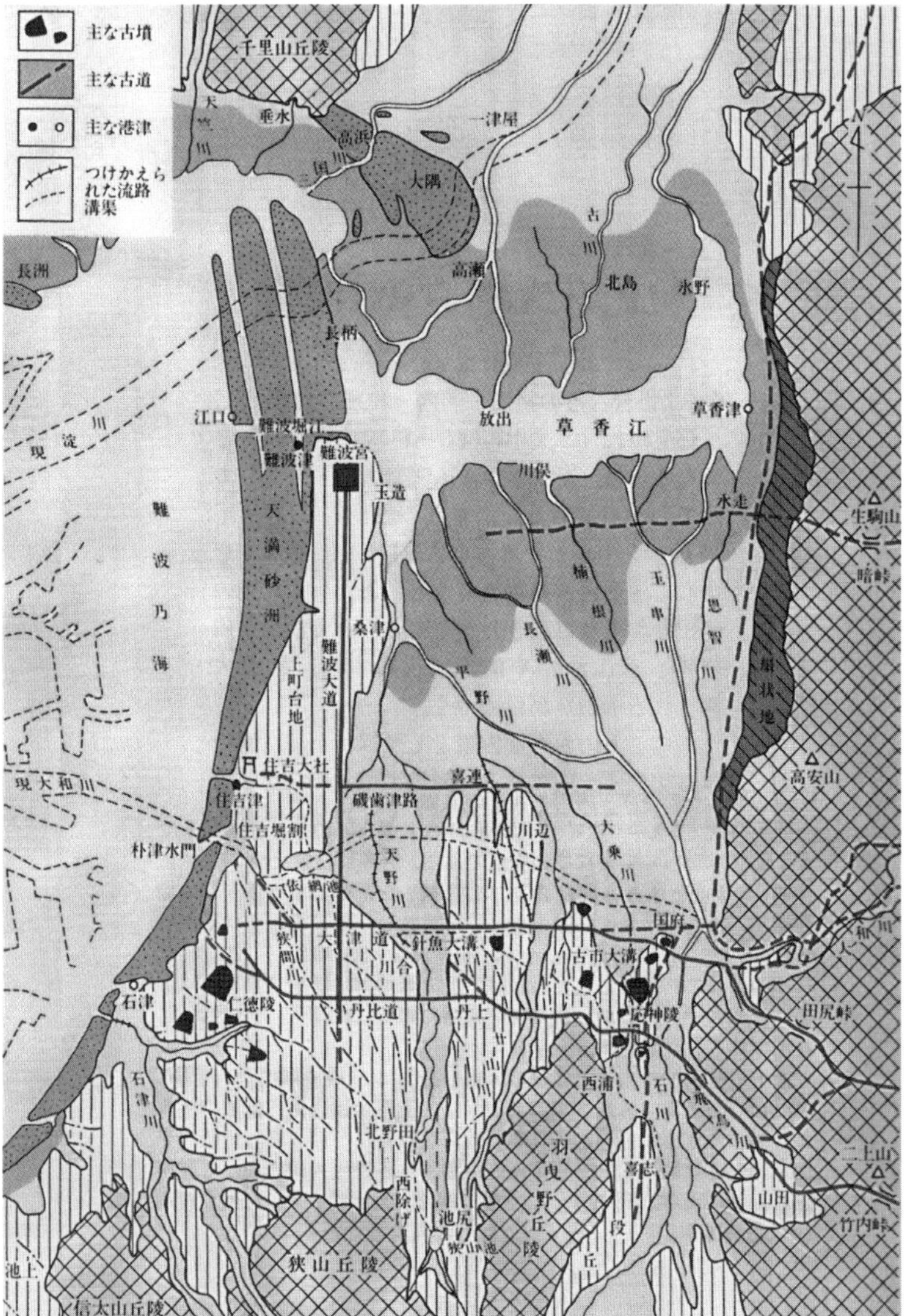


6～7世紀頃の大阪を復原した景観

古墳時代から飛鳥時代にかけて大阪には大型古墳群や難波宮が置かれ、ヤマト政権の外港である難波と住吉津からは遣隋使が大陸に渡っていった。（出典：日下雅義『地形から見た歴史　古代景観を復元する』講談社学術文庫）

**上町台地の海食崖跡**
阿倍野地区には高低差が約 15m の急崖がある。崖地は南北に続いており縄文海進の時に波に削られた海食崖跡だと考えられている。

になっていて、そのためにいわば「野生の思考」と資本主義的な「現代の思考」とがひとつのループ状に結び合って、東京の興味深い景観をつくりなしているのではないか、と思いいたったのである。（中略）縄文時代から古墳時代にかけて埋葬地や聖地がつくられていた多くの場所に、その後も江戸や東京のランドマークとなるべき重要な施設が設けられることになっていて、ここでも「野生の思考」と「現代の思考」のなだらかな連続線を発見するのはたやすいことだった。」中沢新一『アースダイバー』（講談社、２００５年）

私は『アースダイバー』を読んだ２０１２年に大阪で「アースダイバー式」の地形散歩をはじめて今もそれを続けている。「アースダイバー式」を実践しながら町を歩くと「ひらめき」や「発見」、「疑問」や「気づき」などが次々と頭の中をよぎっていく。そう考えると、「アースダイバー式」が私の感性にしっくりきたのかもしれない。ここで、私なりの「アースダイバー式」地形の歩き方を記しておこうと思う。

私が地形散歩をする時はその土地を古代人の視点で

大川（旧淀川）
上町台地の北側を流れる大川は難波の堀江跡といわれ、草香江（河内湖）と呼ばれる湖や湿地帯での治水対策として仁徳期に開削されたといわれる。

歩き、古代景観を頭の中で妄想しながら歩くようにしている。縄文海進期は海岸線をイメージして歩くが、縄文海進以降の大阪は地形が劇的に変化し、弥生時代や古墳時代の地形を妄想することも多い。その時に利用するアースダイビングマップは、日下雅義氏の『地形からみた歴史 古代景観を復原する』（講談社学術文庫）に記された古代景観である。日下雅義氏は、『古事記』や『日本書紀』『万葉集』などに記されている風景描写や自然現象から、地理学・考古学・歴史学を総動員して古代景観を復元している。

48頁の図は6～7世紀頃の大阪を復原した景観だが、都市部の大部分は海になっており、当時は海退により干潟が広がっていたが、まだ人の住める環境ではなかったのだろう。そんな環境の中で上町台地が半島のようにに大阪平野の中心にあり、その先に3本の砂州が伸びている。大阪は飛鳥京の玄関口の役割を果たし、難波津や住吉津などの港に人々が往来していたのだろう。

実際にかつての海岸線を歩くと、様々な場所に痕跡が残っている。上町台地の西側には海食崖の痕跡とい

**ヒトモトススキ**
生駒山の山麓にある日下新池のほとりで生育しており、本来は海岸に近い湿地に生育するもので生駒山麓まで海岸が迫っていたことを裏付ける貴重な残存植物である。

われる急崖が続いており、千里丘陵の南端でも垂水神社から阪急曽根駅の辺りまで東西に崖が続いている。これも海食崖と思われる。

大阪城に近い森之宮では貝塚遺跡があり、海に生息するマガキから淡水に生息するセタシジミへの移り変わりが層になって見つかり、河内湾から河内湖に変わっていった経過が残っていたのだ。また、大阪城の北側を流れる大川は仁徳期に人工的に開削された堀江跡だといわれている。さらに、生駒山麓には本来は海岸近くで育成するススキの仲間が発見されているのだ。このような過去の地形の痕跡を体感することも「アースダイバー式」の歩き方である。

タモリさんは「ブラタモリ」の記念すべき1回目で「早稲田」を歩いた時に、椿山荘がある丘の上を歩きながら、この辺りは海だったと縄文海進期の地形のことを熱く語っていた。番組ではCGで丘の前が大海原に変わっていく様子を描いていたが、タモリさんも、もしかすると「アースダイバー式」を実践しているのかもしれない。

**初台橋跡**
まっすぐ続く国立競技場に近い初台の暗渠。橋の欄干はここに川が流れていた証拠である。

## 暗渠——町に潜む迷路・ラビリンスの世界

暗渠とは、蓋をかけたり覆ったりして水の流れが見えない水路のことで、蓋をしていない場所を開渠という。暗渠が最も多い都市は東京ではないだろうか。それは武蔵野台地の地形と歴史が大きく関係しているのだ。

江戸の町は上水道が整備された都市でもあった。武蔵野台地上には湧水地がいくつも点在しているが、井の頭池、善福寺池、妙正寺池などは湧水を水源としており、江戸時代初期にはそこから流れる水を利用して神田上水がつくられた。続いて多摩川の上流から水を引いて玉川上水がつくられ、その後も三田上水や千川上水などが整備されていった。それらの水路は分水して枝分れを繰り返し、飲料水だけでなく田畑への灌漑用水などにも利用され、100万都市大江戸の水路網は構築されていったのだ。

上水道があれば下水道も必要になるが、江戸に下水道はつくられなかった。江戸の町から出る糞尿は高価

**大阪貝塚の暗渠**

土蔵の裏をくねくねとカーブする暗渠。S字を描くようにコンクリートで塞がれており、このまま海へ続いていく。

に買い取られ、広大な武蔵野台地を耕す農作物の肥料として使われたのだ。雨水排除を主眼として整備された排水路には生活排水なども流れていたが、家庭からの雑排水は少量で、川に流して支障がない程度だったようである。

上水道や河川から枝分かれした水路の水は、自然地形に沿って台地の下へと無数に流れていたが、明治時代に入ると人口増加に伴って上下水道が徐々に普及していくことになる。その後、高度経済成長期に東京オリンピックの開催が決定すると、生活排水や工場排水が流れる水路や河川は、臭いものに蓋をするかのように暗渠化が急速に進んでいったのだ。ちなみに昭和39年の東京の下水道普及率は26・0％で、オリンピック主会場と選手村があった渋谷区では、招致が決定した昭和34年の下水道普及率は3％であったが、昭和39年の開催時には60％と急速に整備が進んだという。それと同時に暗渠も増えていったのだ。

東京の町を歩いていると、家と家の間にくねくねと蛇行しながら続く幅の狭い道に出くわすことがあるが、

**谷頭の湧水**
初台の暗渠をたどって谷頭を目指していくと階段の下のブロックの隙間から湧水がコンコンと流れ出していた。

そんな道を見つけると、誘われるようにその先を進みたくなるものだ。どこか湿った空気を感じながらその道を進んでいくと、様々な暗渠に欠かせない記号的な装置に出会うだろう。それは、子供がほとんどあそんでいない細長い公園だったり、点々と続くマンホールの蓋だったり、車止めだったり、苔むして続くコンクリートの蓋だったり、橋の欄干だったり…。それらは暗渠めぐりの大切な撮影ポイントでもある。暗渠を歩きながら、蓋がないかつての姿を想像し、蓋の下を流れる水の音を聞きながら暗渠を歩くのだ。

暗渠を上流に進んでいくと、水が湧く遊水地をみつけるかもしれない。その水は、いま歩いてきた暗渠の下を流れて、河川と合流し海へと流れていくのである。東京の暗渠めぐりは、東京が近代化される前に流れていた巨大水路網の痕跡をたどることでもある。かつて流れていた川や水路や田園風景などを妄想しながら迷宮に迷い込んでもらいたい。

# 第3章
# 「山地」がつくる地形

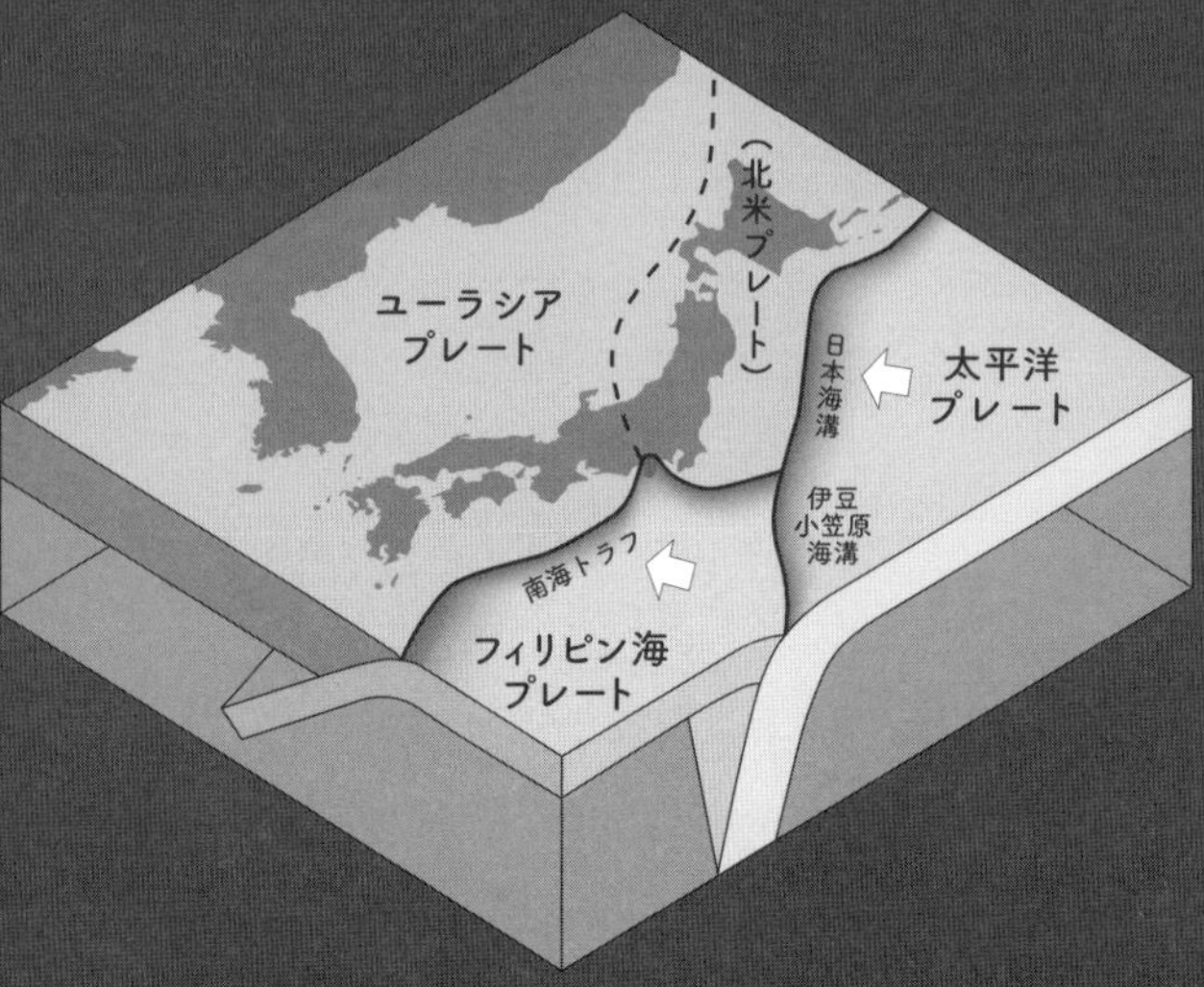


**プレートテクトニクス概念図**
日本海溝、伊豆・小笠原海溝に太平洋プレートが、南海トラフにフィリピン海プレートが沈み込むことで、日本列島は山がちな地形となり火山や地震が多いのだ。

## 山——山はどうしてできたのか

日本列島は山がちで急峻な山地が多いが、地形別のデータでみると山地が61％、丘陵地が11・8％と山地と丘陵地を合わせると7割強にもなる。また国土に占める森林面積の割合では68・5％を占めており、フィンランドの73・1％に次ぐ森林大国なのだ。しかし、約３００万年前までは今のような山地はほとんどなかったと考えられている。日本はなぜ現在のような地形になっていったのか、日本列島の地下深くで起こっている地球規模の地殻変動について極力シンプルに整理しておきたい。

日本列島は大陸プレート（ユーラシアプレートと北米プレート）の上にあり、その下に海洋プレート（太平洋プレートとフィリピン海プレート）が沈み込んでいる。太平洋プレートはとても巨大で、東方向から大陸プレートの下に沈み込むことで東北地方には東西の圧縮力がかかっているのだ。この太平洋プレートが沈み込む境界を日本海溝といい、最深部は約８０００メ

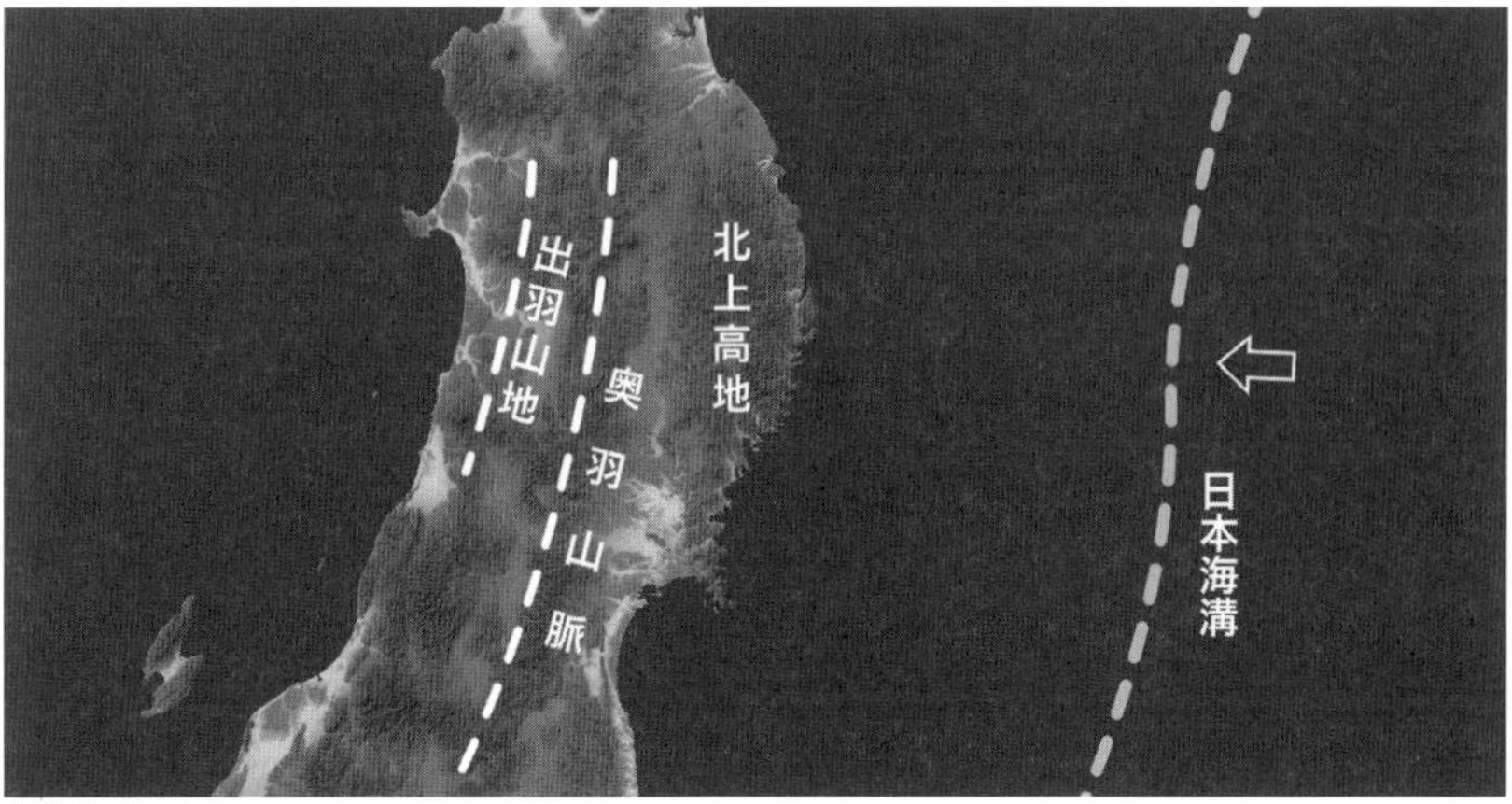


**東北地方の地形図**

東西圧縮により東北地方の奥羽山脈、出羽山地、北上高地が隆起し、北上盆地や仙台平野、庄内平野が形成された。

ートルの深さだという。

一方、フィリピン海プレートは規模が小さくかつては北上しながら大陸プレートの下に沈み込んでいた。その境界が南海トラフである。この動きに大きな変化があったのが今から約300万年前で、太平洋プレートとフィリピン海プレートが接している場所で、太平洋プレートに押されたフィリピン海プレートがこれ以上北に進めなくなり、方向を北西に方向転換したのである。

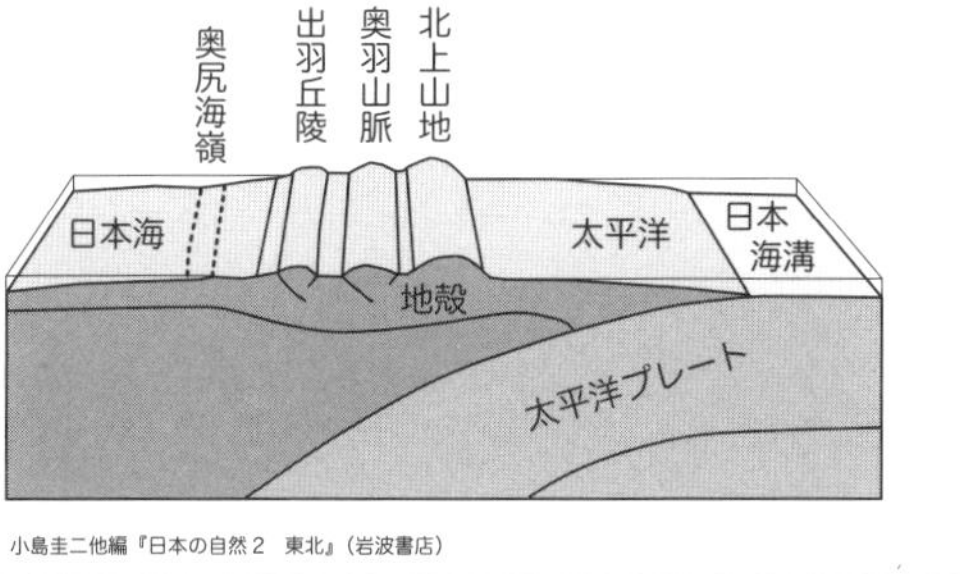

小島圭二他編『日本の自然2　東北』（岩波書店）

**東北地方中部の地形と地下構造の断面図**

太平洋プレートが日本海溝に沈み込むことで東北地方はシワが寄った状態になっている。

それまでの日本列島には高い山がなかったと考えられているが、フィリピン海プレートの進む方向が変わったことで、東北地方では東方向か

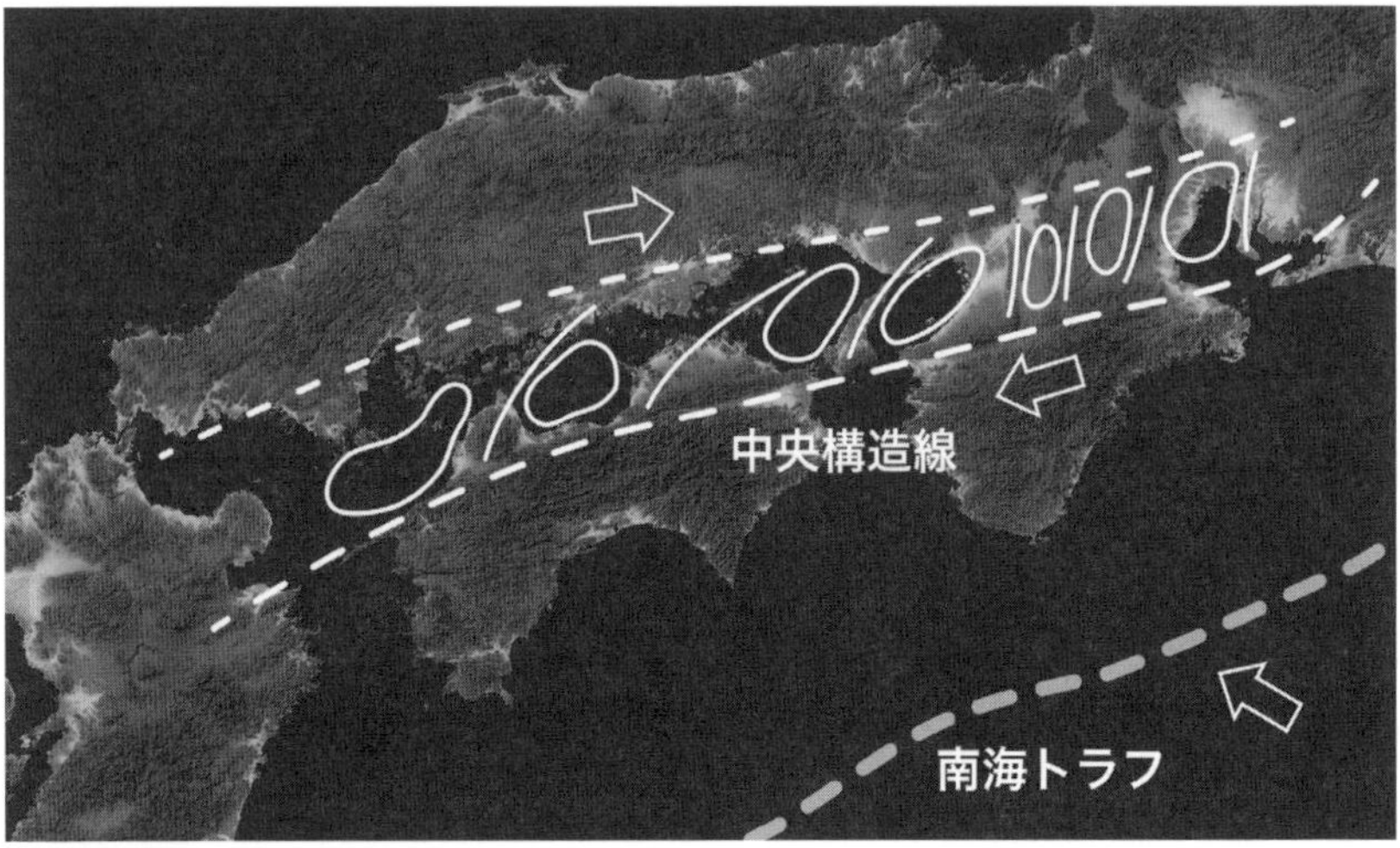


**中央構造線付近の凸凹地形**
丸い範囲が凹地、ラインが凸地である。中央構造線を境に南側が西へ引きずられ瀬戸内から伊勢湾までシワのように凸凹地形が並んでいる。

ら押される力が増し地形が急激に隆起を始めたのだ。断面図で見ると東北地方は東西に圧縮されてシワがよったような状態になっていることがわかる。北上山地や奥羽山脈、出羽丘陵が隆起し、窪んだエリアが盆地になっているのである。

西日本では、フィリピン海プレートの北西に押す力が増えたことで、西南日本を西へ引きずり始めた。西日本を上下に分断する大きな力は、約1000キロメートルに及ぶ長大な活断層・中央構造線を境にして南側が西へ引きずられることで、北側では布にシワができるような形の地形が生まれた。瀬戸内海から琵琶湖の辺りにかけて、島々が集まった場所と海が広がる場所、山地と盆地などが交互に続く凹凸地形になっているのはそのためである。

日本列島の山や盆地ができる様子を巨大なガリバーになった気分で見ると、子供の頃に砂遊びをしていた時の記憶と結びつく。普段の生活の中で目にする山々は自然の法則でいまもゆっくり変化し続けているのである。

**嵐山公園亀山地区の展望台から見た保津峡**
保津川の激しい水の流れが、長い年月をかけて川岸の岩や山肌を削ってできた地形である。

## V字谷・先行谷——大地のドラマはここからはじまる

山の源流部から流れだした水は川となって谷をつくり、谷の周囲から集まった水の流れが長い年月をかけて川岸の岩や山肌を削って深い谷をつくっていく。深く削られた谷の形がVの字に似ている谷をV字谷という。

京都・嵐山を流れる保津川の上流にある保津峡はV字谷の典型例である。嵐山公園の展望台からもV字谷を見ることができるが、嵐山高雄パークウェイにある保津峡展望台からは、V字谷が目の前に広がる雄大な景観を見ることができる。

亀岡盆地から京都盆地へ流れる保津川は渓谷美に定評があり、観光用のトロッコ列車や船頭の巧みな竿と櫂《かい》さばきで急流を下る「保津川下り」が人気の観光スポットでもある。保津峡は大きく蛇行しながら深い谷を刻んで急流を流れ下っているが、これは「先行谷」といえるだろう。

先行谷とは、元の川の流れがあった状態で土地が隆

保津峡と保津川下りの船

写真の奥が亀岡盆地で保津峡の入り口付近。川幅が広くゆったり流れているが両側は急峻な崖である。

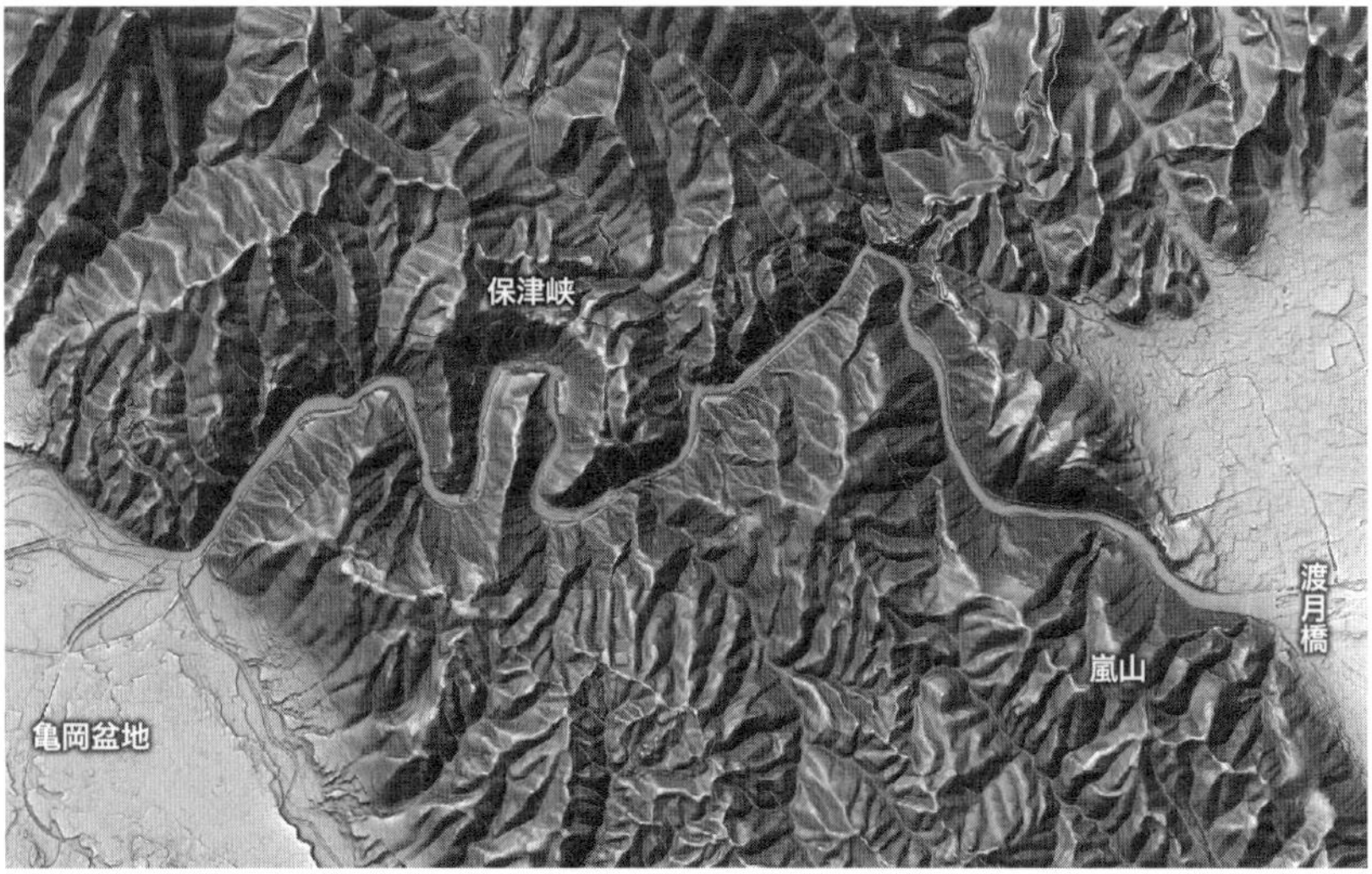


蛇行した保津川の流れがよくわかる地形図

蛇行状に曲がりくねった谷の中を流れる河流の状態を穿入蛇行という。断層運動によって隆起する前の自由蛇行がそのまま下方侵食により刻み込まれているのだ。

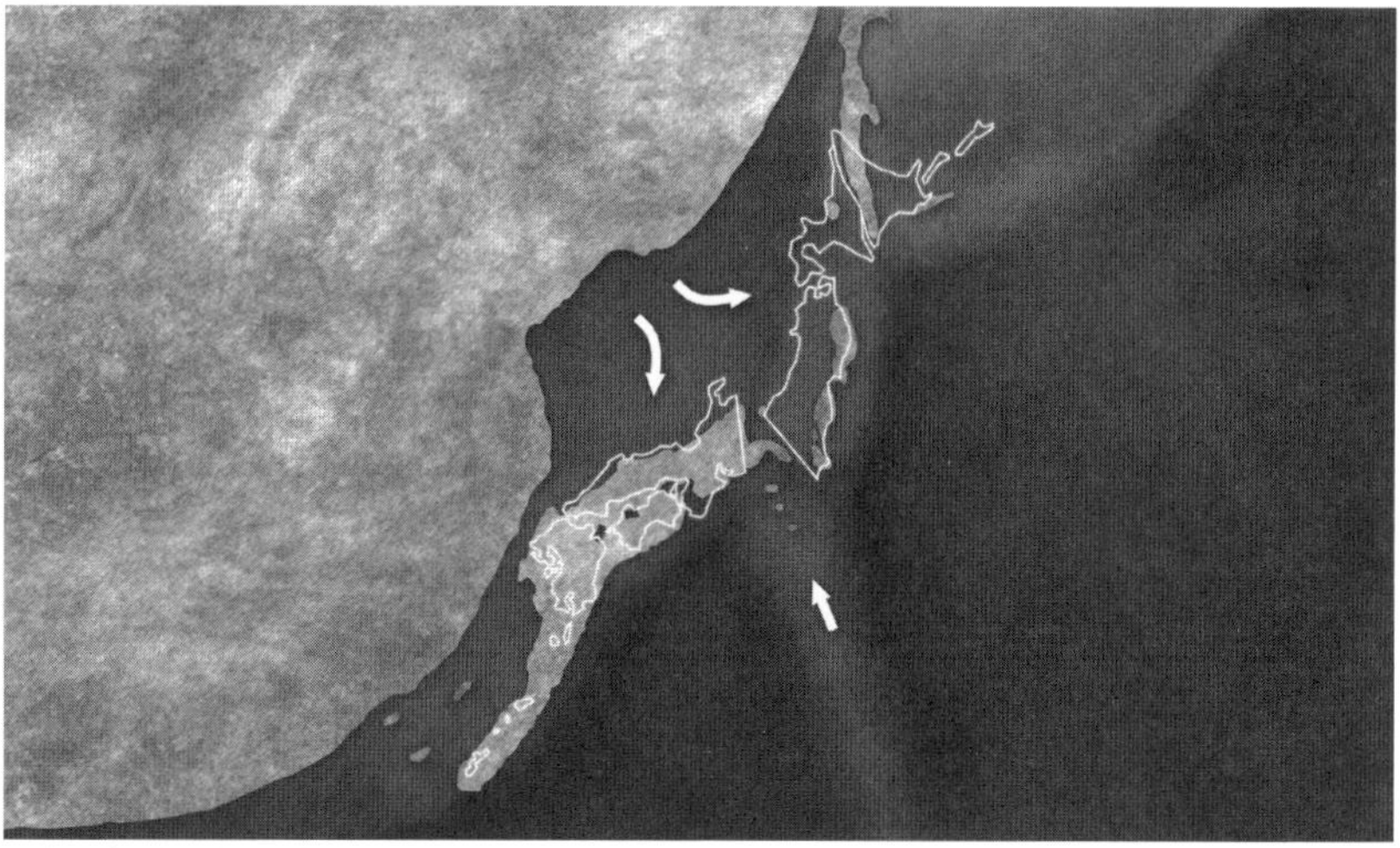

**日本列島が誕生する概念図**

日本列島は大陸の縁（ヘリ）が引きちぎられ２つに分かれ、西日本は時計回りに、東日本は反時計回りに回転しながら移動したと考えられている。

起し、元の流路を維持したまま川底を浸食してできた谷のことである。これは山地の隆起速度が、保津川が川底を浸食していく速度を上回ることがなかったともいえる。また、大きく蛇行しているのは元の河川がこの辺りを自由蛇行していたと考えられ、その流路のまま下方侵食により刻み込まれた穿入蛇行河川でもあるのだ。

山々の地質は丹波帯というとても古い時代の地層が地上に現れた場所で、中期～後期ジュラ紀の付加体と考えられている。付加体とは、海洋プレートが深海堆積物や海山を載せて移動し、大陸プレートの下に沈み込む時にはぎとられた地質帯のことで、この地域では混在岩（メランジュ）としてチャートや玄武岩、砂岩、泥岩など様々な岩石が変形し混合した状態で含まれている。日本列島の土台は付加体でできていると言っても過言ではないだろう。それらは、アジア大陸の東端にあった付加体である。およそ２５００万年前に大陸の縁が引き裂かれて２つに分かれ、東日本は反時計回りに、西日本は時計回りに観音扉が開くように移動し、

激流を進む保津川下り
巨石や激流などが至る所にある保津川では古くからイカダで木材などを運んでいたが、角倉了以によって1606（慶長11）年に保津川が開削された。かなりの難工事であったと伝わるが、僅か5ヶ月で丹波から嵐山までの航路を開き、舟で物資を輸送できるようになったのだ。

1500万年前頃に現在の場所に落ち着いたと考えられる。東日本と西日本の間には富士火山帯が衝突し現在の日本列島が形作られているのだ。

京都嵐山の景観が世界中の人から愛される景勝地であるが、その地形には気の遠くなるような長い年月をかけてつくりあげられた地球のドラマが眠っているのだ。V字谷を眺めながらそれができていく様子を妄想するのも地形散歩の楽しみ方のひとつである。

**箕面大滝**
背後の岩は緑色岩という硬い玄武岩質で滝の後退はここで止まったのである。

## 滝——滝は後退し続けるものである

大阪の郊外には箕面大滝という景勝地がある。阪急箕面駅から緩やかに傾斜する滝道を歩いて40分程度でたどり着ける場所で、子供からお年寄りまで気軽に自然を楽しめ、地形や地質を観察しながら散歩するにも最適な場所である。

箕面の山々は丹波帯と呼ばれる地層で構成されている。丹波帯とは、古生代ペルム紀と中世代三畳紀、ジュラ紀の地層が入りまじり、泥岩、砂岩、チャート、石灰岩などが複雑に重なり合う混在岩で、遠く赤道の付近から移動してきた海洋プレートの堆積物が、大陸プレートの下に沈み込むときにはぎ取られた付加体である。それがアジア大陸の東縁の一部となり、大陸から離れて現在の場所まで移動し隆起したと考えられるのだ。

箕面大滝までは箕面駅前広場から土産物店が並ぶ緩やかな坂道を上って行くことになるが、傾斜がはじまる辺りの地下には有馬―高槻断層帯が山地と並行して

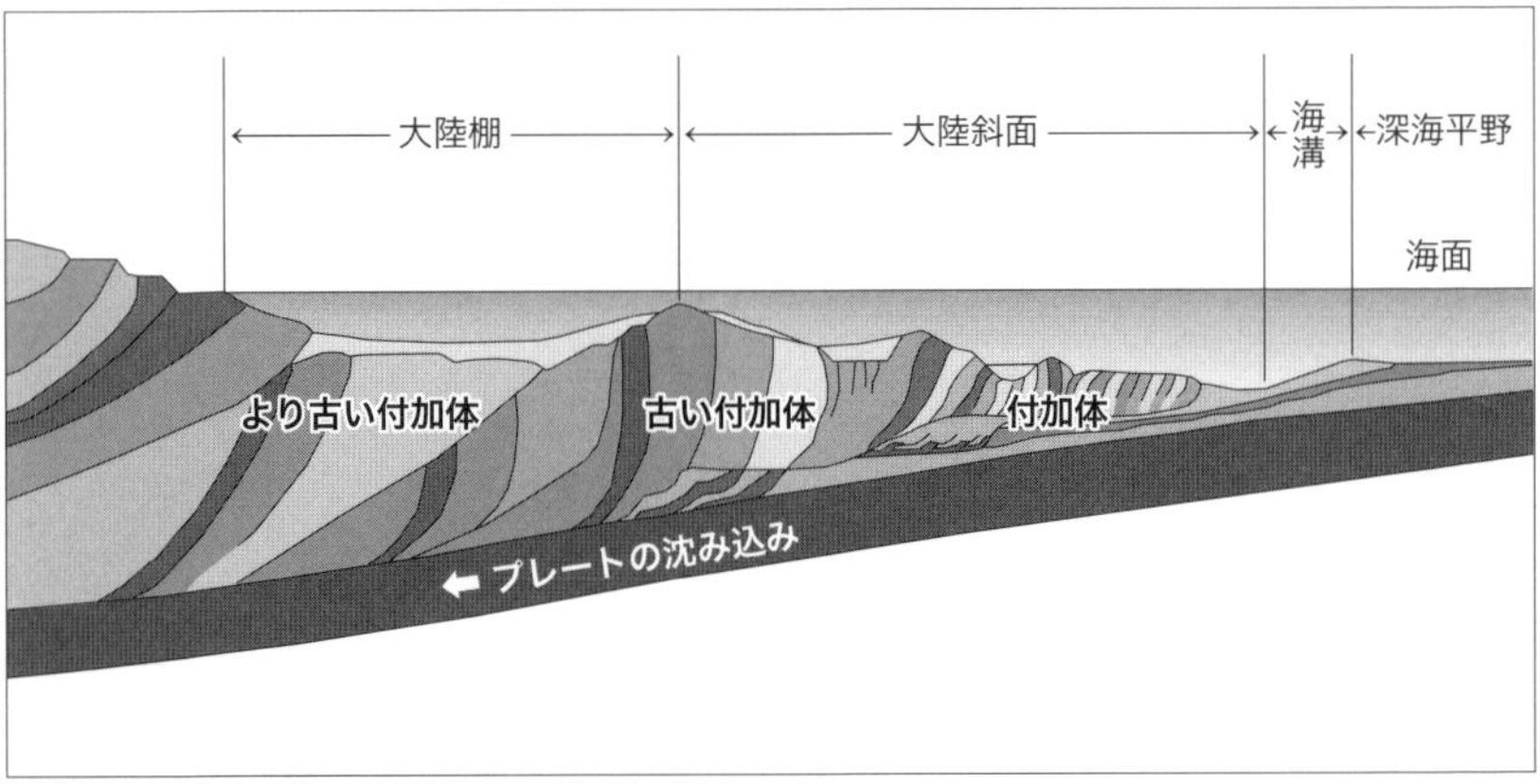


**付加体のイメージ図**
深海堆積物や海山を載せた海洋プレートが大陸側に沈み込むときに、海溝ではぎ取られて大陸側に押しつけられた地質体を「付加体」という。

通っている。箕面の山々はこの断層を境に造山運動によって隆起した土地なのである。

しばらく歩くと一の橋が現れるが、この辺りから両側の山が急激に立ち上がり、大滝まではV字に切り立った急峻な崖が続いていく。少し歩くと大きくカーブする道と直進する橋があり、橋を渡ると河原まで容易に下りることができる。河原にはチャートの岩石がむき出しており、よく観察すると灰青色をベースに白や茶色などの厚さ2〜5センチ程度の縞模様になっている。チャートは、深海底に堆積した生物遺骸などの化石が混ざっている堆積岩で、放散虫と呼ばれる珪質の殻を持った生物の遺骸が含まれている。肉眼で見ることができず、特殊な溶剤で不要なものを溶かして放散虫を取りだし顕微鏡でやっと見ることができるという代物である。手間がかかるのでネットで画像検索してほしいが、様々な形をした不思議な生き物である。

川沿いの滝道を進んでいくと、崖側には落石防止の金網ネットが絶えず張られており、ところどころで崩れた場所もある。崩れた岩の多くは、比較的やわらか

**岩が崩れた跡**
箕面の滝道は主に泥岩で構成されているためもろく崩れやすい地質である。

く剥がれやすい泥岩である。周辺の山々は今も少しずつ崩れていきながら変化を繰り返しているのだ。

　大滝に近づくと釣鐘淵と呼ばれる深くて狭い渓谷が現れる。この場所はかつての滝壺だといわれており、少し上流にも丸い形をした窪地が連続して現れるので探してほしい。

　そして目の前に現れたのが箕面大滝である。落差約33メートルの大滝の背後は、緑色岩というとても硬い玄武岩質で構成されている。大滝の下流域は浸食しやすい泥岩で、箕面の山々が造山活動によって隆起を始めると一の橋の辺りに最初の滝が誕生し、そこから後退を繰り返して現在の場所で止まったと考えられているのだ。

　滝というのは、漸次後退するという働きがある。滝を見つけたらその周辺を探すと、後退していった痕跡が見つかるかもしれない。滝は水が流れ落ちる限り後退を繰り返していくのである。

**滝壺跡と思われる淵**
箕面の大滝に近づくとこのような丸くえぐれた場所が続いていることがわかる。滝壺の痕跡を探しながら滝道を進んでいくとそれらしい場所がいくつも見つけられるかもしれない。

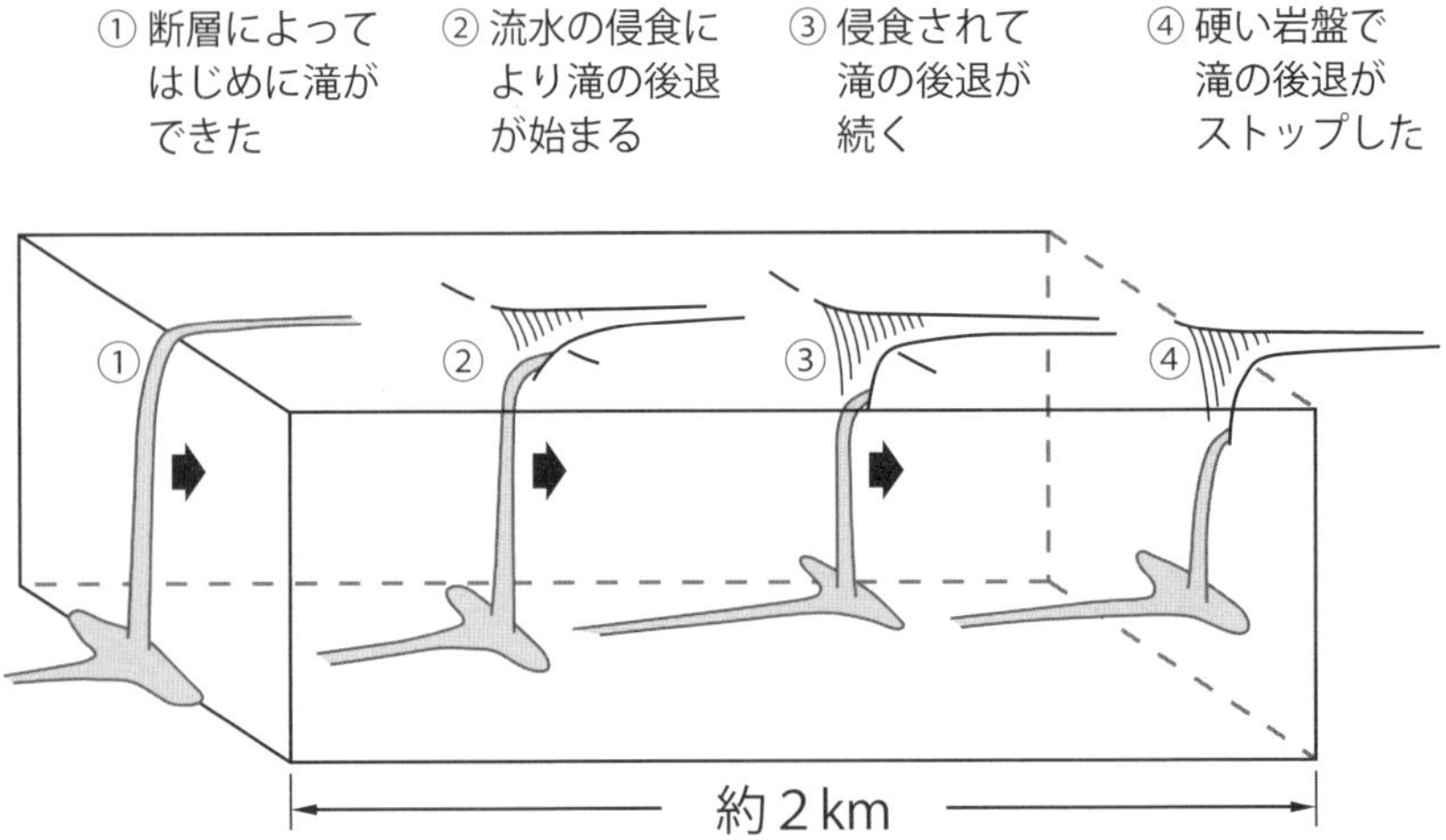
① 断層によってはじめに滝ができた
② 流水の侵食により滝の後退が始まる
③ 侵食されて滝の後退が続く
④ 硬い岩盤で滝の後退がストップした
①
②
③
④
約2km

**後退する箕面大滝**
断層付近が隆起したことでその断層崖に滝ができ、箕面川の侵食により滝は後退を続け、現在の場所にある硬い岩盤に阻まれて滝の後退が止まった。

湧水をたたえる沢ノ井
現在は防火用水池となっているが、かつてはコンコンと水が湧く自然の池であった。

## 扇状地——水の出口を探そう

谷で削られた岩や石などが川によって狭い山間部を流れていき、平野に出たところで一気に解放されて積もってできた扇状に広がる傾斜地を扇状地という。

扇状地の地質は岩や小石、砂礫などが堆積していることから、水はけがよくて川の水は一気に地表から地中へとしみ込んでしまう。

扇頂では川は地表を流れているが、扇央部では河川が伏流水となって水無し川になることもあり、粒径の小さい砂礫が堆積する扇端部に湧水帯を形成することがある。

学校の教科書に出てくるような典型的で大きな扇型の扇状地を都市近郊で見ることは難しいかもしれないが、小さな複数の扇状地が連続している場所は身近なところに点在している。

たとえば六甲山の南麓、いわゆる阪神間の地形は扇状地が連続して形成された複合扇状地である。

六甲山南麓には、西から生田川、西郷川、都賀川、

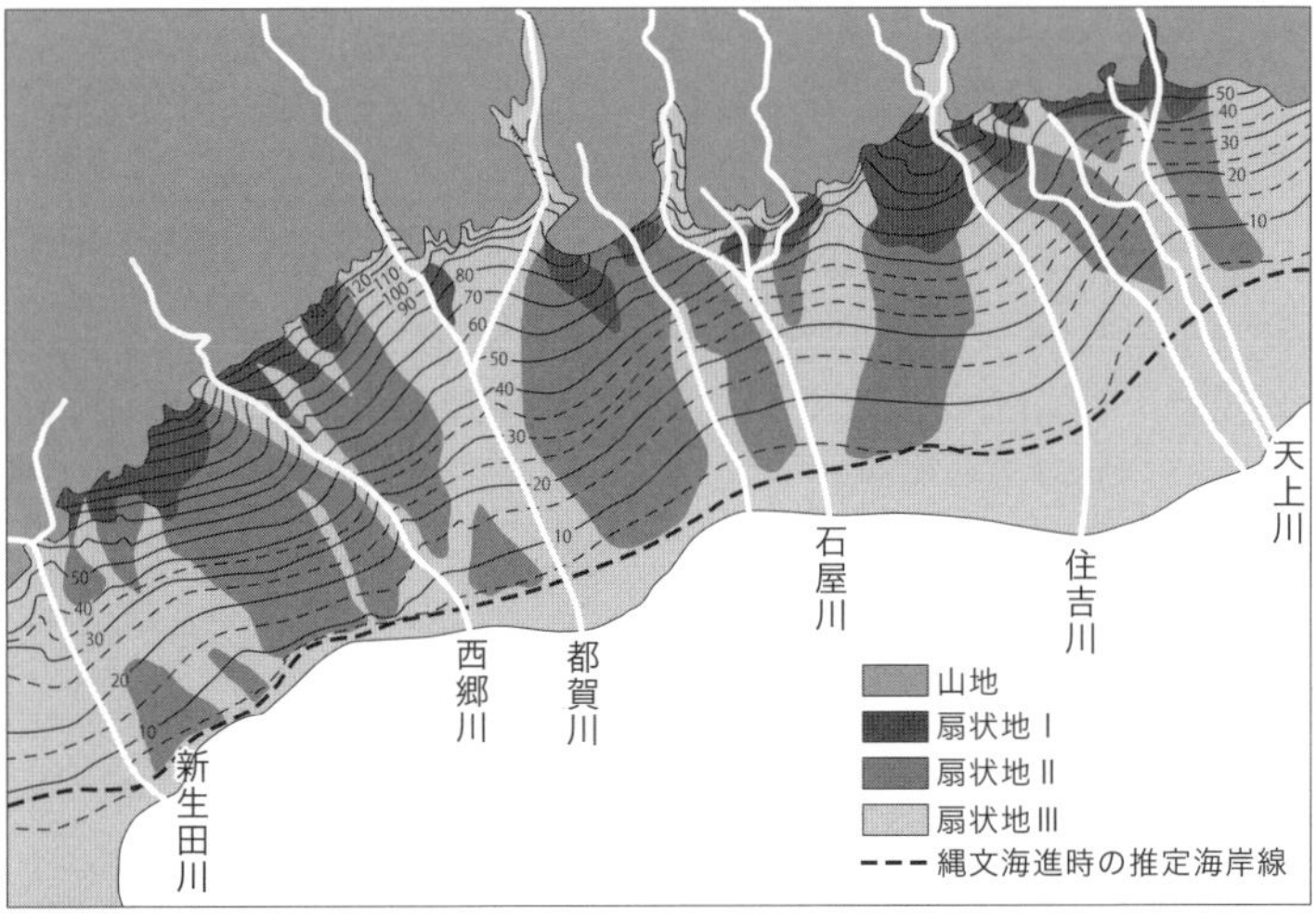


**六甲山麓の扇状地の分布図**
川が扇状地を形成しながら流路を変えて今の場所に固定されて流れている様子がわかる。

石屋川、住吉川、天上川、芦屋川、夙川などが流れているが、六甲山の急峻な谷から流れてきた河川が山麓部の開けた場所で扇状地を形成し、流路を変えながら扇状地の範囲を広げていまの地形ができているのである。

六甲山地は花崗岩質で構成されているが、複数の断層が通っていることで破砕帯がいたるところに存在している。花崗岩は、破砕帯などの割れ目に雨水や地下水などが進入すると、風化してもろくなっていく性質を持っており、雨が降ると風化したマサ土と呼ばれる砂や礫が大量に河川に流れだすのだ。

六甲山地南麓で最大の扇状地は住吉川である。国道2号線を通って住吉川を越えるときはまるで山を登るような坂道が続き、川を越えると下り坂が続く。東側の高低差が約16メートル、西側の高低差が約11メートル、車で通ると小山を乗り越えるような高さである。六甲山の地質がこのような扇状地と天井川を形成したのだ。

それと同時に生み出したのが、住吉川の下を流れる

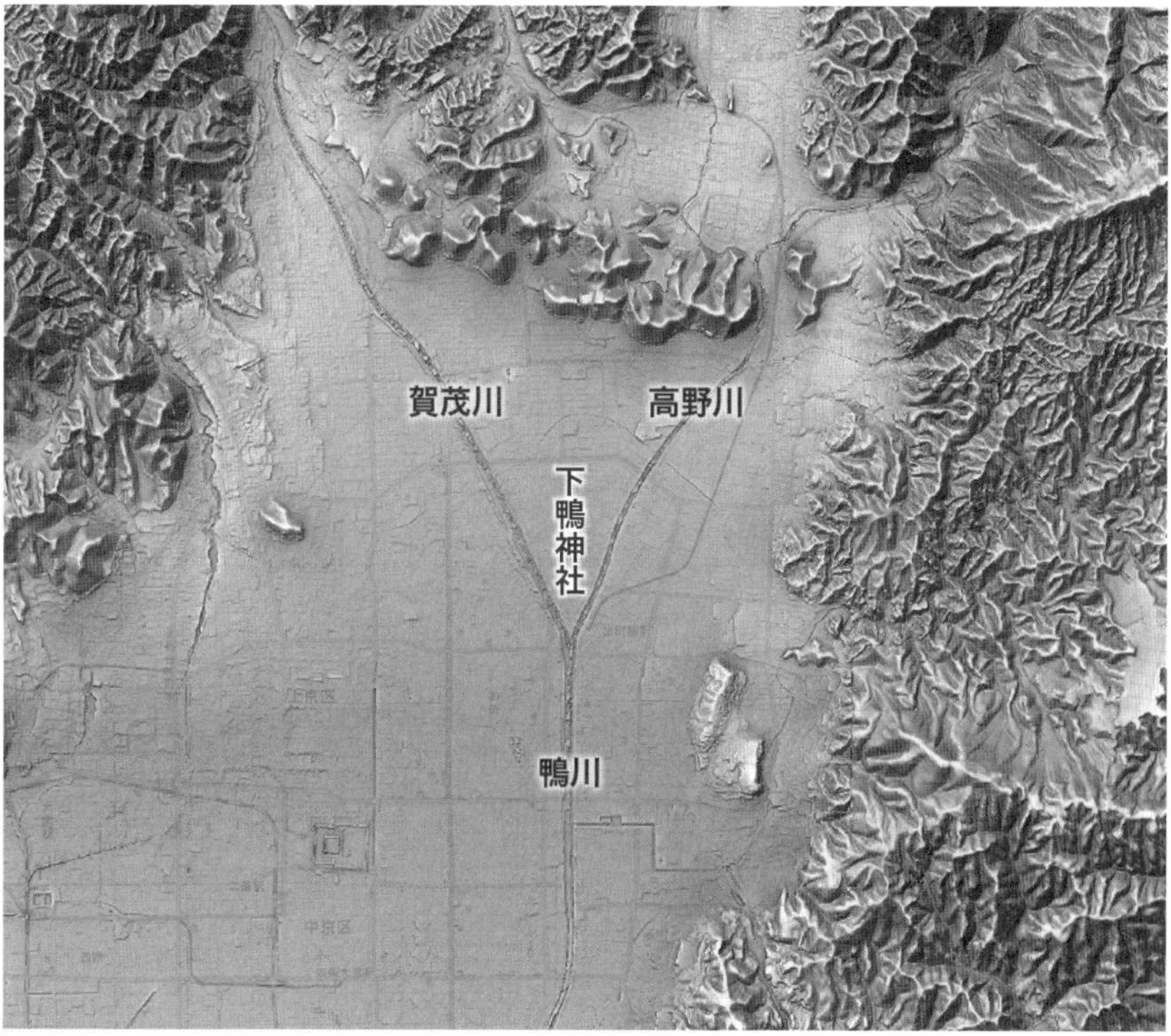


**京都盆地の扇状地**
賀茂川と高野川は複合扇状地を形成し、合流して鴨川と名前を変えている。

豊富な伏流水である。住吉川の河口付近には古くから右岸に御影、左岸に魚崎の集落が発展し町を形成する基盤になっていったが、ともに灘五郷を支える酒蔵が建ち並ぶ地域でもある。急峻な六甲山から流れる伏流水はミネラル分が比較的少ない軟水で、それが酒造りには適していたのだ。

清い湧水を住宅が密集する阪神間で見ることができる場所は少ないが、阪神御影駅高架下に「沢ノ井」という防火水槽がある。いまもきれいな水を湛えている場所だが、神功皇后がその水面に御姿を映し出したことから「御影」の名が起こったと伝わり、室町時代には、その水で酒を醸して後醍醐天皇に献上したと言われる。かつては、湧水が湧く池があっ

**御手洗池と御手洗社**
下鴨神社の御手洗社（井上社）から流れる水は御手洗池を通って世界遺産・糺の森を流れている。かつては御手洗池から清水が自噴していたといわれ、池底から吹き上がる水泡をかたどったのがみたらし団子の発祥と伝わる。賀茂川と高野川の伏流水であったのだろう。

たのかもしれない。

　京都盆地の北部、賀茂川と高野川が合流して鴨川と名を変える辺りは、緩やかな複合扇状地をつくっている。平安京はこの扇状地の上に造営されたのだ。地下水が豊富に湧くことが平安京遷都の決め手のひとつでもあるだろう。

　扇状地を歩くときのキーワードは水である。ぜひ周辺を散策しながら井戸や湧水、酒蔵、豆腐店なども探してみてはいかがだろうか。扇状地を流れる地下水を感じることができるかもしれない。

御香宮神社の御香水
平安時代の862（貞観4）年に、境内から香りの良い水が涌き出たので、清和天皇より「御香宮」の名を賜ったのが神社の起こりで、かつてこの地に自噴していたことがうかがえる。

## 伏流水——伏見の女酒と灘の男酒

伏流水とは、河川の流水が河床の下に浸透し、河川敷下や旧河道の地下の砂礫層などを流れる地下水である。地中で自然にろ過されるため、表流水に比べて水質が良好で安定している。関西は伏流水に恵まれた地域が多かったこともあり酒造りが盛んでいまでも多くの酒蔵が残っている。

京都の伏見は、「伏水」と記されるほど昔から"水"が豊かな土地であり、伏見にある御香宮神社の社伝によれば、千数百年前は境内に香り高い清泉が湧きだし、朝廷から「御香宮」の名を賜ったと記され、今もこの御香水は「日本名水百選」のひとつにも選ばれている。

江戸時代初期には酒造家の数が83もあったといわれるが、それは背後にある稲荷山や大岩山などに浸透した水や、地下深くに蓄えた豊富な京都盆地の水が帯水層を通って伏見の地下を流れているからであろう。地下の地層は砂礫と粘土層が互層をなしており、それぞれが帯水層と難透水層を構成し、帯水層は、浅いもの

**伏見・月桂冠大倉記念館の井戸**
桃山丘陵の地下深くに涵養された伏流水を汲み上げる井戸。鉄分が少なく酒造りに適した水を隣接する酒蔵での醸造に用いている。

から深いものまで4層あるようだ。かつての酒造用井戸は、浅層地下水を利用していたが、現在では深い帯水層から汲み上げているところが多いという。

伏見の酒は、カルシウムやマグネシウムなど硬度成分をほどよく含んだ中硬水を用い、比較的長い期間をかけて発酵させている。そのため、酸は少な目、なめらかで、きめの細かい淡麗な風味を産み出しているといわれる。

伏見の酒を「女酒」としてよく比較されるのが、灘の「男酒」である。

灘の酒とは、六甲山の麓にある灘五郷のことで、今津郷、西宮郷、魚崎郷、御影郷、西郷の一帯のことを指し、江戸時代後期には江戸の酒の8割を供給したと言われるほどもてはやされた。その要因はその味わいであろう。

なめらかできめの細かい淡麗な風味とされた伏見の酒に比べて、灘の酒はキレのよさと酸が強めな辛口。辛口の酒が、当時の江戸っ子の好みにマッチしたのである。

**宮水発祥の地**
櫻正宗の梅の木蔵があった場所に碑が立っており、周辺には多くの酒蔵の井戸が集まっている。

日本酒造りの中でも仕込み水などに使う水の成分で仕上がりが大きく変わるといわれている。灘五郷の酒造に欠かせない「宮水」は、酵母の発酵を促すリンとカリウムをはじめとしたミネラルを多く含んだ硬水で、酒が最も嫌う鉄分が極めて少なく、ハリのあるスッキリとした酒質になるという。しかしこの宮水が六甲山系のどこでも取れるものでなく、ごく限られた場所でしか湧かない奇跡の水なのだ。

元々六甲山を源とする伏流水は酒造りに適した水であったが、江戸時代末期に櫻正宗の六代目山邑太左衛門が2ヶ所の酒造で常に品質が西宮・梅の木蔵が勝ることを不思議に思い、試行錯誤の末、梅の木蔵に湧き出る井水が高い品質を生み出すことを発見。その井水を魚崎に運び、西宮の水「宮水」の酒が評判を呼んだことがはじまりとされる。その後周囲に井戸がたくさん掘られるようになり、現在でも宮水が湧き出る宮水地帯には、名門酒蔵の井戸が立ち並んでいる。なぜこの地域にだけ他の井水とは違う宮水が湧くのかは、地下の地層が重要な役割をしているのだ。

**宮水庭園**
大関、白鷹、白鹿の井戸が並ぶ。見学者を意識してかモダンなデザインが施されているが、各酒蔵の井戸が点在している。

宮水地帯は地表下5〜6メートルまでの浅い帯水層で、主に花崗岩及び古生層に由来する砂礫層から構成され、夙川の氾濫による河床と推定されている。この帯水層の所々に2枚貝や巻貝などが多く集まった集塊が埋まっており、帯水層の下には、浅海性の貝化石を含むシルト質細砂層が難透水層となっているのだ。

地下に帯水層が広がる西宮市域は、縄文時代から弥生時代にかけて内海が内陸部に入り込んでいた。その時に堆積したのが宮水の帯水層の下にあるシルト層である。夙川の流路はかつて西宮神社がある場所を通って東南に流れており、現在の宮水地帯に多量の砂を堆積させた。その後、堆積物で河床が上がっていった夙川は現在の位置に流れを変えたのだ。

夙川を主とする伏流水は、かつての浅海に堆積した砂礫層を通り、カリウム、リンが多く、鉄分が極めて少ない酒造りに適した水をつくりだしているのである。

灘の酒蔵を支える宮水は、地表下5〜6メートルまでの浅い帯水層を流れているため、建築や土木工事の影響を受けやすい環境でもある。西宮市では行政を含

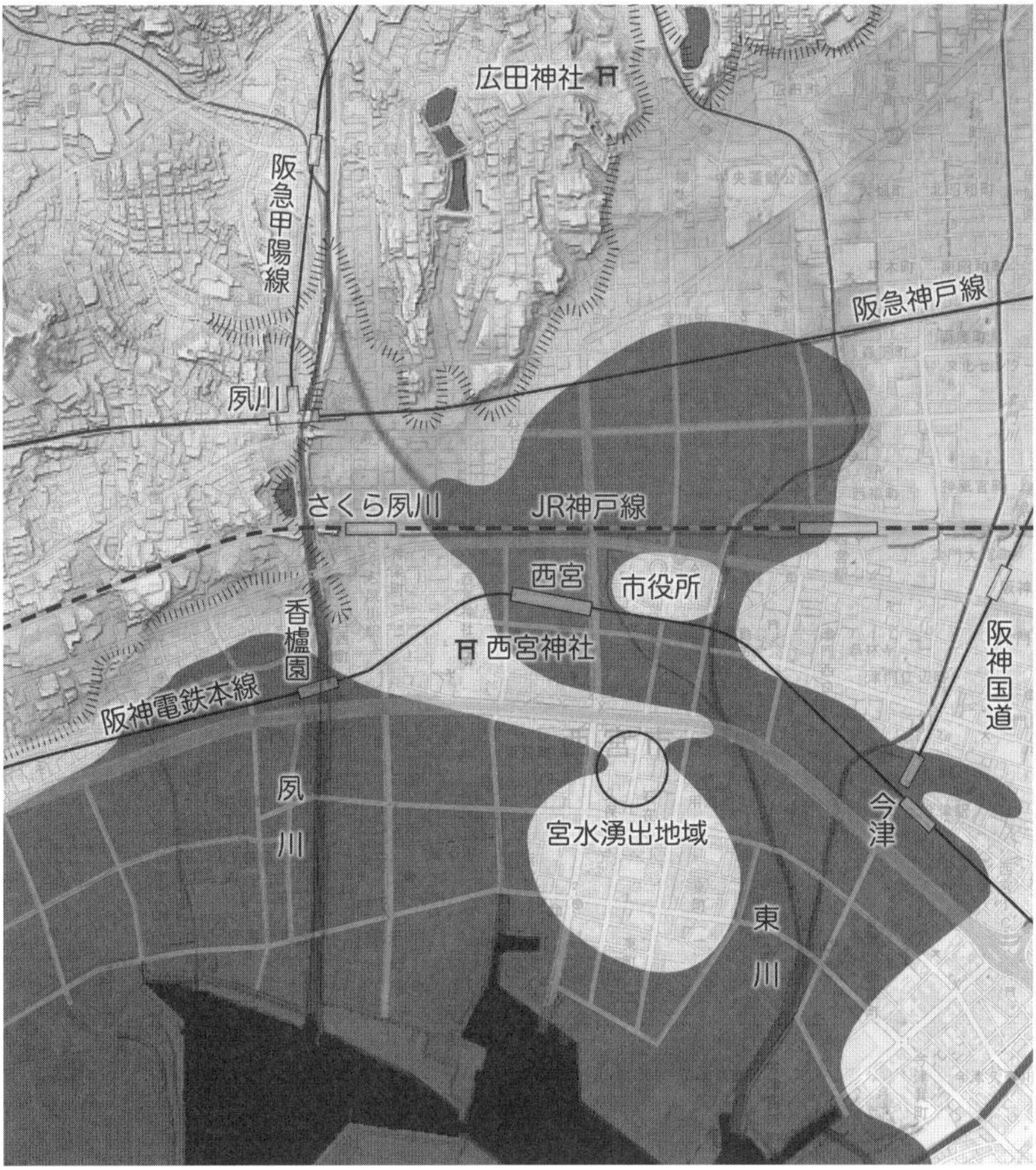


**西宮の入海の推定復原図**

縄文海進により内陸部の海水が侵入し湾岸部に砂州が堆積している。夙川は入海に流れ込んでいたと思われる。砂州の場所に宮水湧水地帯が含まれる。

めて地域全体で酒造用地下水の保全が図られているのだ。

酒を味わいながらその土地の山や川や地下の帯水層をイメージしてみる。そしてそのエリアを歩いてみる。これも地形散歩を楽しむ要素のひとつかもしれない。

**松尾大社社殿背後の断層崖**

松尾大社の背後には急峻が崖が迫っているが、樫原断層の断層崖である。社殿の背後には岩盤が剥き出しているが、神聖な場所でもあるのだ。

## 地溝盆地 ── 断層と断層の間

地溝とは、『地形学辞典』によると「両側の断層崖の間にある低地。中央日本にある松本・諏訪・伊那などの盆地、西日本にある近江・奈良・京都などは地溝によって生じた（地溝盆地）とされている」とある。もう少しわかりやすく解説すると、ほぼ平行に位置する断層によって区切られた地殻に水平方向に引っ張る力が働いた時、その間が周囲に対して相対的に落ち込んだ細長い地帯のことである。

松本盆地は、フォッサマグナ西縁部に形成された地溝性の盆地で、糸魚川─静岡構造線が南北に貫き、西側の飛騨山脈と東側の筑摩山地に挟まれた地域である。盆地の東縁を松本盆地東縁断層群が南北に走っている。

諏訪盆地は、糸魚川─静岡構造線が走る地溝帯にある地溝盆地で、西縁を明瞭な釜無断層崖で限られ諏訪湖がある。

伊那盆地は、天竜川に沿う狭長な盆地で、西は木曽山脈、東は伊那山地に挟まれる地域だ。

上／松本・諏訪・伊那などの盆地と主な断層

下／京都盆地と主な断層

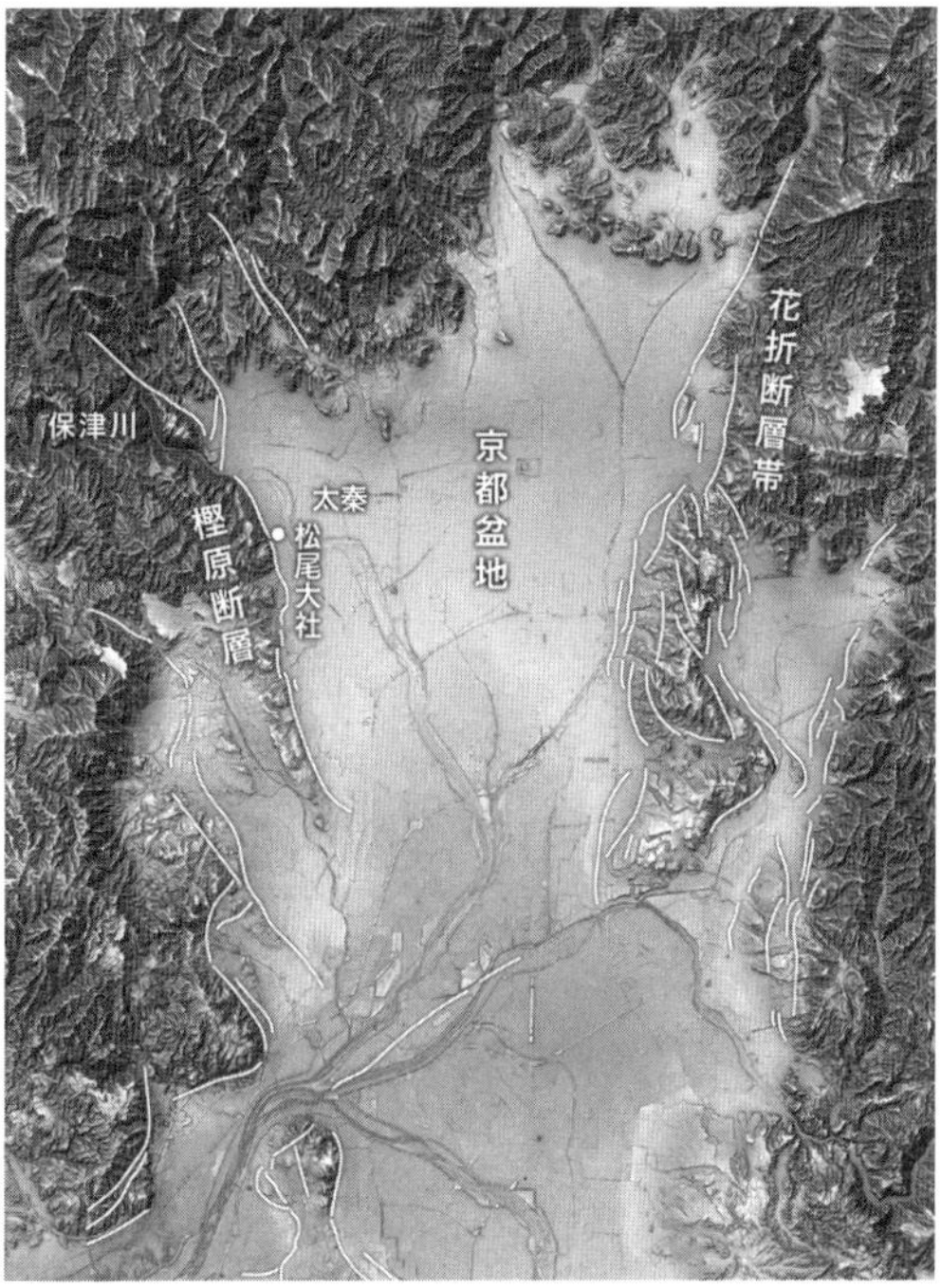


3つの地溝盆地の共通点は、山沿いに扇状地が形成された細長い地形のために水はけがよく水田には不向きな土地であること。しかし、水はけが良い土地を好む桑を植えることで養蚕業が盛んに行われたのだ。

養蚕・製糸業は外貨獲得産業として、明治以降の富国強兵政策を支える貿易・産業構造の一環を構成し、

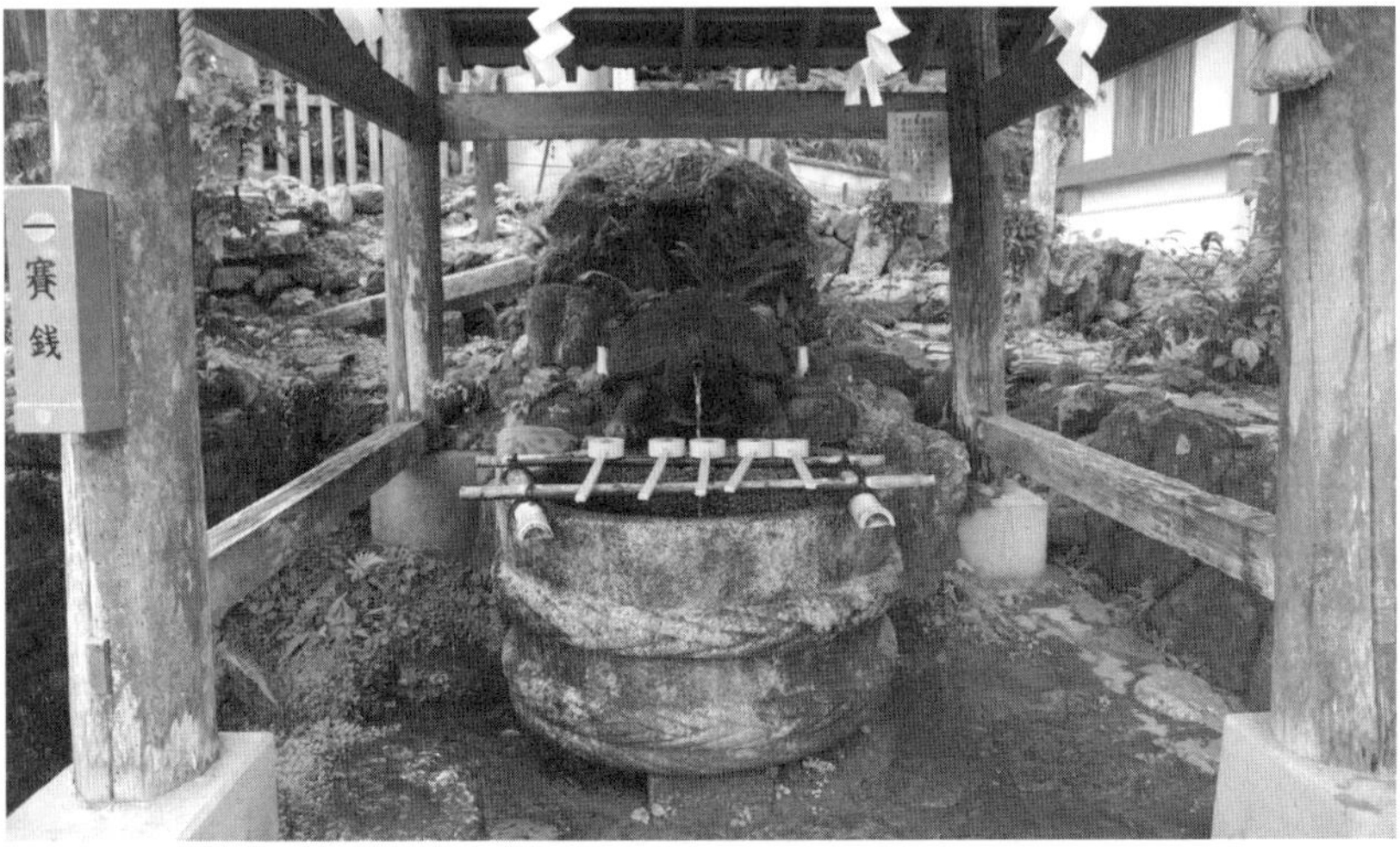


**断層崖の下にある亀の井**
地溝帯の断層崖に湧く水は、断層活動となんらかの関係があるのかもしれないが、まろやかでおいしい水である。

世界で最も進んだ養蚕・製糸技術は世界中に広まっていった。

養蚕業が衰退した後に桑畑に変わって植えられたのが果実である。果実も水はけのよい土地を好むが、この地域に最もよかったのは昼夜の寒暖差が大きいこと。果実は寒い夜に養分をたくさん溜める性質があるため、寒暖差がある方が甘くなるという。その結果、今では果実生産が長野県の主要産業になっているのだ。

京都盆地は南に開いた南北に細長い盆地で、西側の樫原断層と東側の花折断層帯に挟まれた地溝盆地である。観光で有名な嵐山渡月橋の西詰から松尾大社の方へ続く崖は、樫原断層がつくった断層崖だ。断層崖を背景に鎮座する松尾大社は秦氏の氏神で、崖下から湧く「亀の井」の水は酒造の水に加えると腐らないという言い伝えがあるなど、室町時代には日本第一酒造神と仰がれた神社である。

古代氏族である秦氏は新羅系の渡来人と考えられており、先進の土木技術、養蚕・機織技術、酒造技術などを日本黎明期に持ち込み、天皇家とも強く結ばれ、

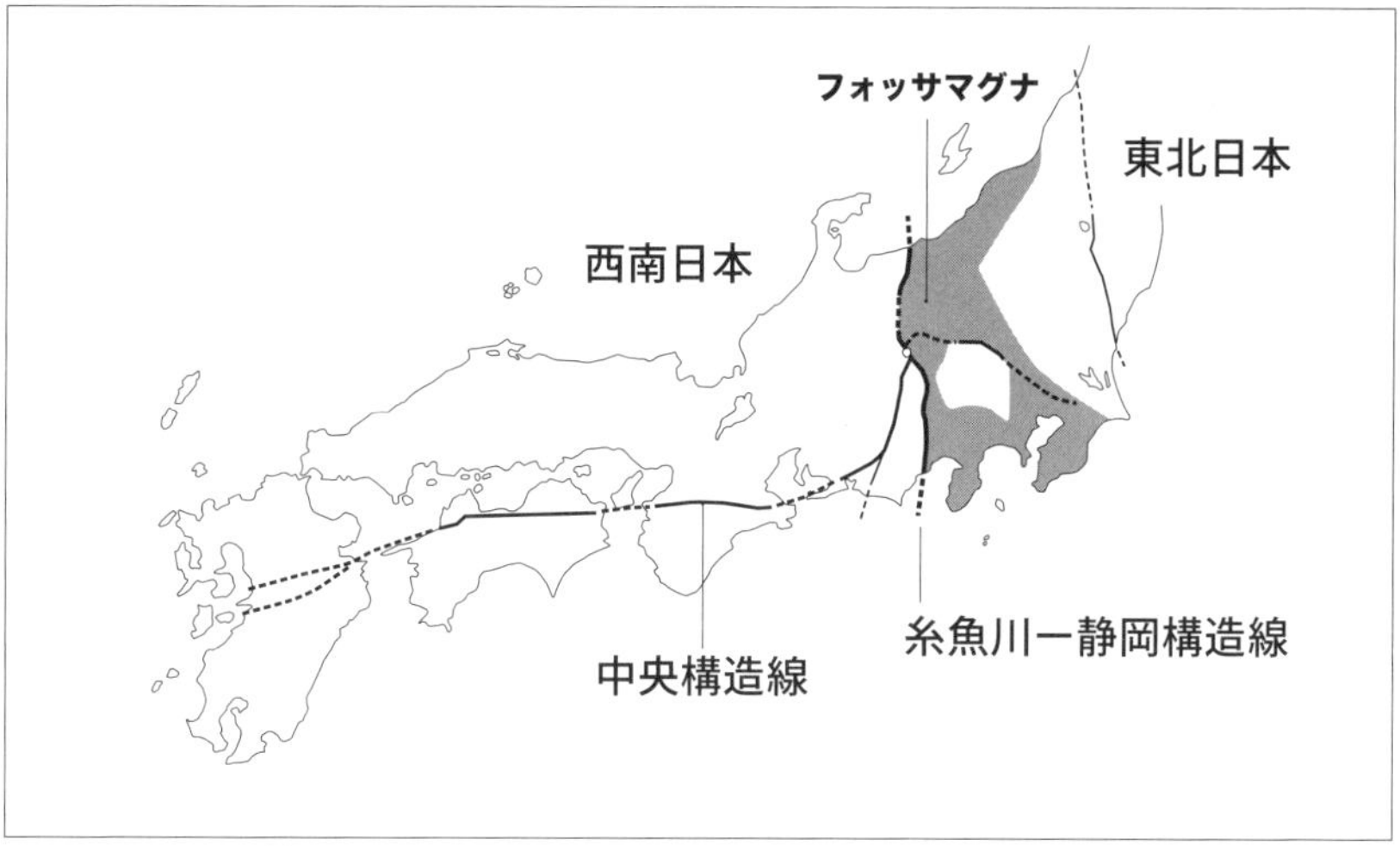


フォッサマグナの範囲

フォッサマグナはラテン語で大きな溝という意味。真ん中の空白は関東山地で古い地層からできている。糸魚川ー静岡構造線は、日本列島を東北日本と西南日本に分ける断層で、フォッサマグナの西側の境界断層でもある。

国を豊かにしていった原動力ともなる氏族であった。暴れ川だった保津川に大堰をつくり、水路を通すなど氾濫原の荒野を農耕地へ開拓したのも秦氏である。距離の離れた2つの地溝盆地であるが、共通点として養蚕業が盛んだったことが挙げられるだろう。地形や地質を最大限活用する上で古代では養蚕が最も効率が良かったのだと思われる。

さらに少し視点を変えると、日本列島を東北日本と西南日本に分断しているフォッサマグナも地溝帯である。フォッサマグナは、日本列島がアジア大陸から離れる時にできた大地の裂け目で、U字溝のような溝に海底にたまった新しい地層が隆起したエリアである。隆起した後に火山列ができたといわれる。代表的な火山をあげると、新潟焼山・妙高山・黒姫山・飯綱山・八ヶ岳・富士山・箱根・天城山などだ。日本列島の奇跡的な成り立ちを表す象徴的なエリアでもある。

**断層崖の上から見た銀閣寺境内**
正面に見える吉田山は花折断層の右ずれ運動によって形成された末端膨隆丘であるという。

## 断層崖——崖を見たら断層を疑え

「崖を見つけたら断層を疑え」。この言葉を実践するように、崖を見つけたらまずスマホで国土地理院の活断層図（都市圏活断層図）を見る癖がついている。

大阪近郊を歩いていると断層を意識することがよくあるが、大阪、京都、奈良、神戸は活断層地帯といってもいいほどたくさんの断層が存在する。①は藤田和夫氏が提唱した「近畿トライアングル」だが、矢印は横ずれ断層を示しその他は逆断層となっている。地図内の「ＡＴＬ」とは有馬—高槻断層帯のことだ。これを見ると、敦賀湾を頂点として、琵琶湖・大阪湾・伊勢湾を含む三角形の地域で、比良山地・六甲山地・淡路島が西側の境界、養老山地が東側、和泉山地が南側の境界で、南の底辺が中央構造線となっていることがわかる。

近畿トライアングルでは東西からの圧縮力によって、高くなったところが山地になり、低くなったところが盆地となっている。布を左右から押して縮めると凸凹

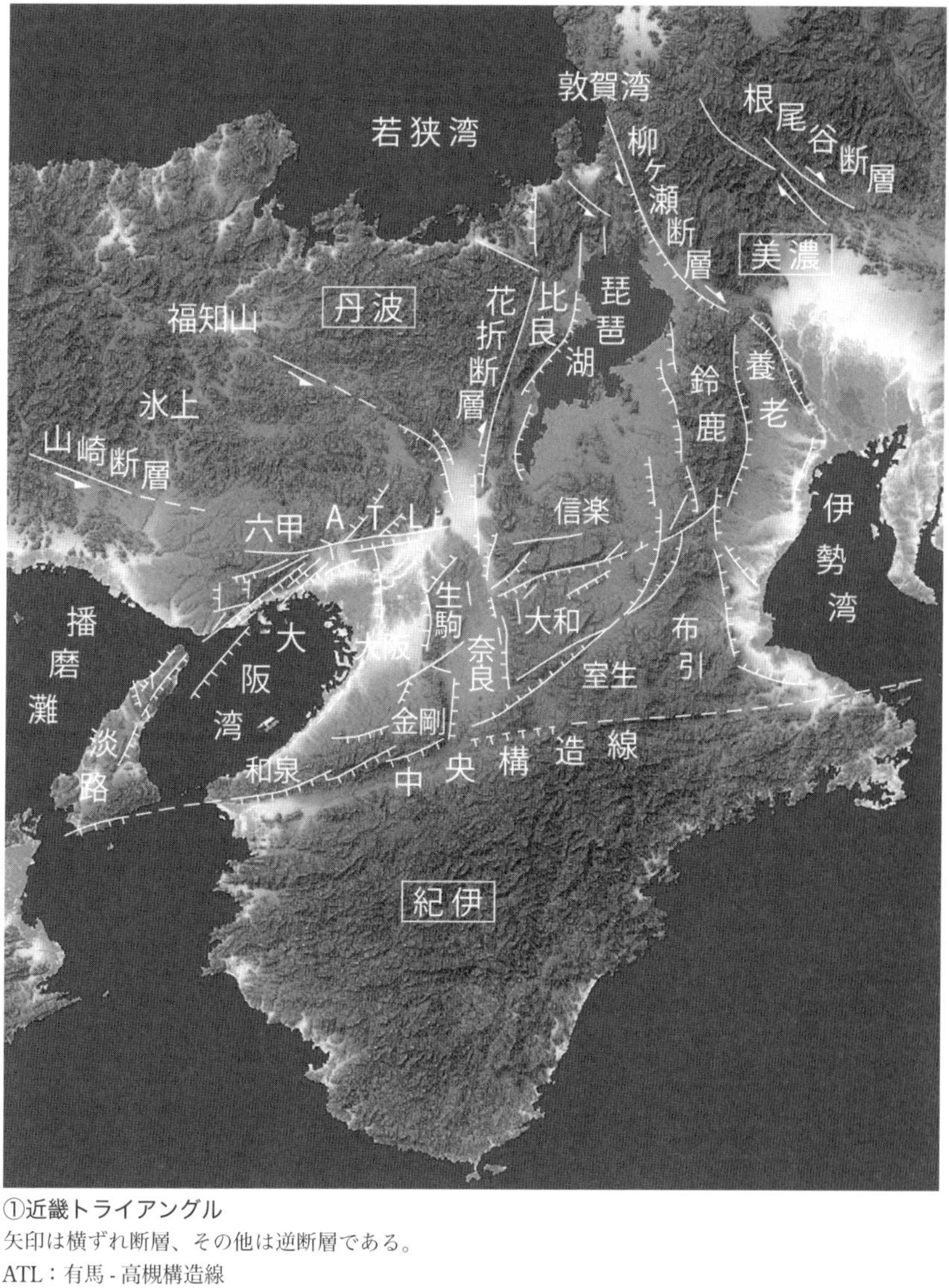


①近畿トライアングル
矢印は横ずれ断層、その他は逆断層である。
ATL：有馬 - 高槻構造線
藤田和夫『日本の山地形成論 地質学と地形学の間』（蒼樹書房）の図版を元に作成・着彩・合成した。

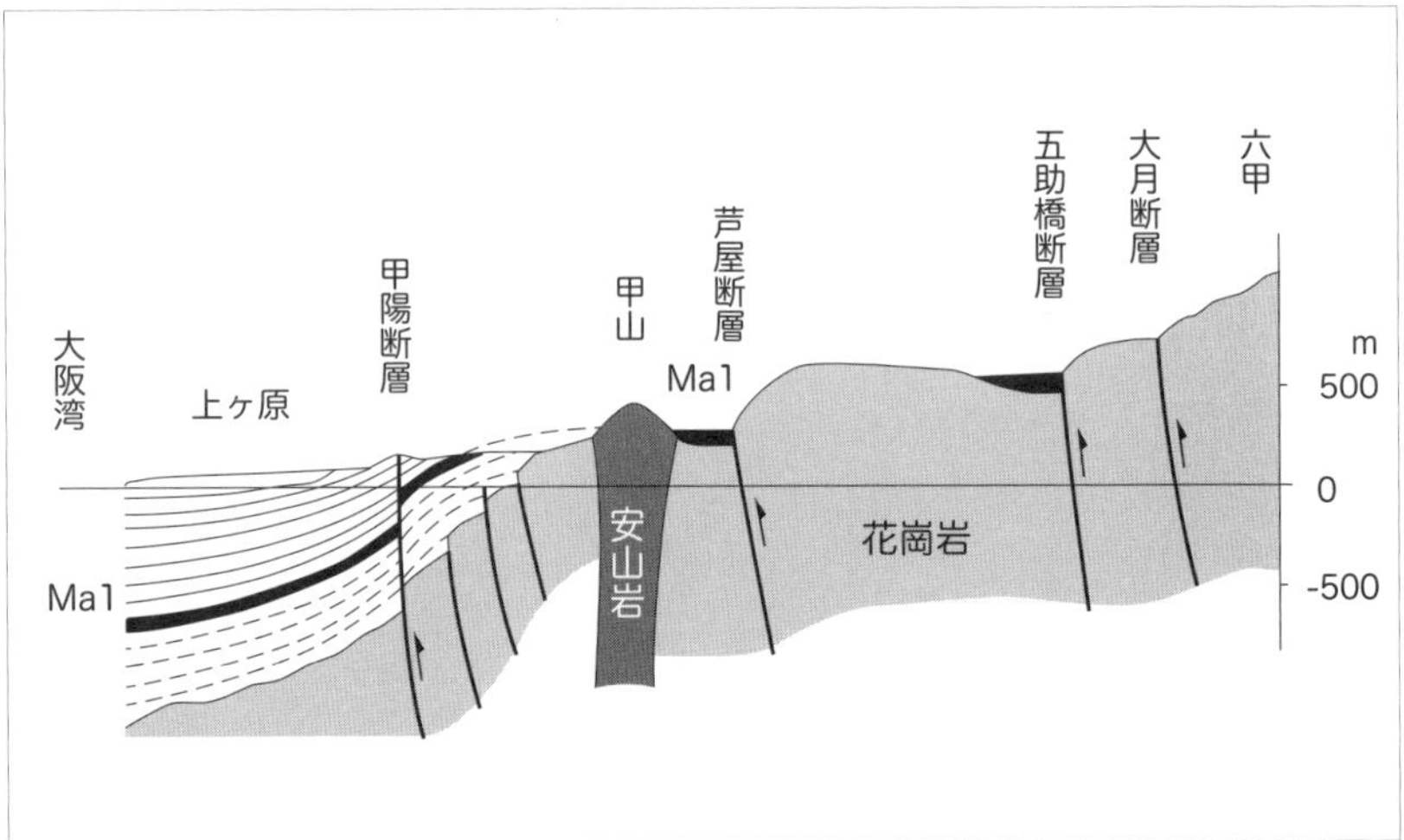

②六甲山地東側の階段地形と断層

の波型になるが、近畿地方もその法則と同じ形をしており、隆起と沈降が起きている中で山地と低地との境界には地下に割れ目ができている。まさに力のしわ寄せ。それが断層なのだ。

②は六甲山地から大阪湾にかけての断面図である。六甲山の標高は931・25メートルで、大阪湾側の斜面には標高500メートル付近と250メートル付近に比較的平らな準平原面があり階段状の地形になっている。それぞれの境界には断層が通っており、Ma1と呼ばれる海成粘土層がある。同じ海成粘土層は海側に続いており、大阪湾の地下500メートルの場所にも見つかっているのだ。

つまり、かつて大阪湾の底にたまった粘土層が、地殻変動によって隆起と沈降を繰り返して標高500メートルと250メートル、さらには地下500メートルの場所に分布しているのである。その高低差は約1000メートル。一連の地殻変動は六甲変動と呼ばれており、50万年ほど前から激しくなり現在も続いているのである。

**神戸布引の滝・雄滝**
高さ 43m の雄滝は布引の滝の中で最も落差があり滝壺は面積もかなり大きい。断層運動によって生まれた滝である。

六甲変動をわかりやすく見られる場所として布引の滝があげられる。布引の滝は、下流からが雌滝、鼓滝、夫婦滝と続き、最も上流にあり落差も大きいのが雄滝である。滝の背後にある崖は断層崖で、長い年月をかけて上昇したものだ。まさに六甲山の隆起が作り上げた滝なのである。この辺りは南北方向と東西方向の断層が交わっており、川の流れもそれにより大きくズレているのも見どころである。

観光地である京都盆地の東山には銀閣寺（東山慈照寺）や南禅寺、清水寺など有名な寺社が連なっている。それらに沿って地下に通っているのが花折断層帯だ。

銀閣寺境内の背後の山には展望所がある。そこからは銀閣寺はもちろん目の前に吉田山と京都盆地が見渡せるが、まさにこの場所が断層崖の上である。崖下には足利義政公愛用のお茶の井跡があり、岩の隙間から水が湧きだしている。

南禅寺境内にある水路閣の背後にある山も地殻変動によって隆起した山である。水路閣を流れる疎水は北上して哲学の道の方へ流れているが、断層崖に沿って

**義政公お茶用の湧水**
断層崖の下に湧水が湧く銀閣寺の庭園。

流れているのだ。

　南禅寺の南側にある蹴上発電所には2本の巨大な水圧鉄管が断層による高低差を利用して設置されている。約33メートルの高低差を流れる水圧によって発電を行っており、まさに再生可能エネルギーなのである。

　これらの断層崖は断層運動によって作られたものであるが、元をたどるとプレートテクトニクスに行き着く。地球規模の動きが日本列島に大きな圧力をかけて、割れ目ができ山となって盛り上がっているのである。崖を見つけたらまずは断層を疑ってみよう。目の前にあるのはまさに地球の歪みなのである。

蓬莱峡
花崗岩の山が断層運動によって内部が粉々に壊され、そこから雨風による風化が進み脆弱な土壌となって流れ落ちた姿である。樹木が育ちにくく岩がむき出した状態になっている。

## バッドランド――バッドだが景観はグッド

バッドランドとはまさに悪地地形のことで、植生がきわめて乏しく、風雨にさらされてボロボロとくずれやすい土地で、無数のかれ谷が深く刻まれた急斜面を持ち、ガリーと呼ばれる降水によって地表面を削られた溝が無数にあるような地形である。

裏六甲といわれる六甲山地の北側には、蓬莱峡と白水峡という2つのバッドランドが存在する。共通点も多くて共に花崗岩質で有馬街道沿いにあり、有馬―高槻構造線と呼ばれる断層帯に位置しているのだ。蓬莱峡は、黒澤明監督の『隠し砦の三悪人』のロケ地として有名になった場所だが、地形散歩というよりもトレッキングの装備をした上でフィールドワークに向かってほしいエリアである。

蓬莱峡へは、座頭谷につくられた砂防堰堤に沿って歩いて行くのだが、この堰堤は明治28年から大正5年にかけて砂防施設などをつくり続けた砂防技術の宝庫で兵庫県砂防発祥の地でもある。座頭谷という名が気

**白水峡**

初めて訪れた時は砕石場跡かと思ったが自然がつくった景観である。有馬 - 高槻断層帯によって花崗岩が壊されて風化によってできたものである。

になるが、座頭とは目が不自由で、琵琶や三味線を弾いたり、あんま・はりなどを職業とした人の総称で、有馬へ湯治に向う途中の座頭が谷に迷い込み、行き倒れになったことに由来するという。それほど危険な場所であったのだろう。

堰堤沿いを上流に進んでいくと、山が崩落したエリアが現れるが、破砕した花崗岩がさらに風化を受けて鋸歯状の鋭い岩峰の稜線を見せている。

なぜこのような地形になったかというと、周辺一帯は有馬―高槻断層帯の活断層運動により内部に断層破砕帯が広がっており、割れ目などから水が入り込んで内部から風化・浸食がすすみ、崩壊により崩落してできたものだと考えられる。花崗岩は、割れ目などに水などが進入すると、風化作用を起こしてもろく砕けて砂状になる性質がある。これをマサ化と呼んでいるが、その後も風雨などによって風化を続けているのである。

表六甲のバッドランドは人気の登山コースでもあるロックガーデンだ。ロックガーデンも花崗岩が風雨によって浸食されて作りだした地形だが、蓬莱峡とは違

**万物相**

花崗岩の風化により表面が流れ落ちて不思議な景観になっている。向こうから尾根を歩いてくる人たちがいるが有名な登山コースでもある。

い角の丸い岩が積み重なったような景観が随所に広がっている。これは、花崗岩の節理による割れ目に水などが進入し、節理に沿って風化が進んでマサ化した部分が雨などで流され、風化していない中心部が玉石のように残っているのだ。サイコロを積み重ねたような岩塔になることもある。万物相と呼ばれる場所はまるで岩が溶けだしたような景観だが、玉石などは崩れ落ち、マサ化した表面が流されてつくられた景観である。

花崗岩質の場所はマサの現象を観察することが楽しめるエリアである。巨石や奇岩など花崗岩の性質がわかるとフィールドワークもさらに楽しめるだろう。

断層コラム

# 中央構造線に集まるパワースポットの謎

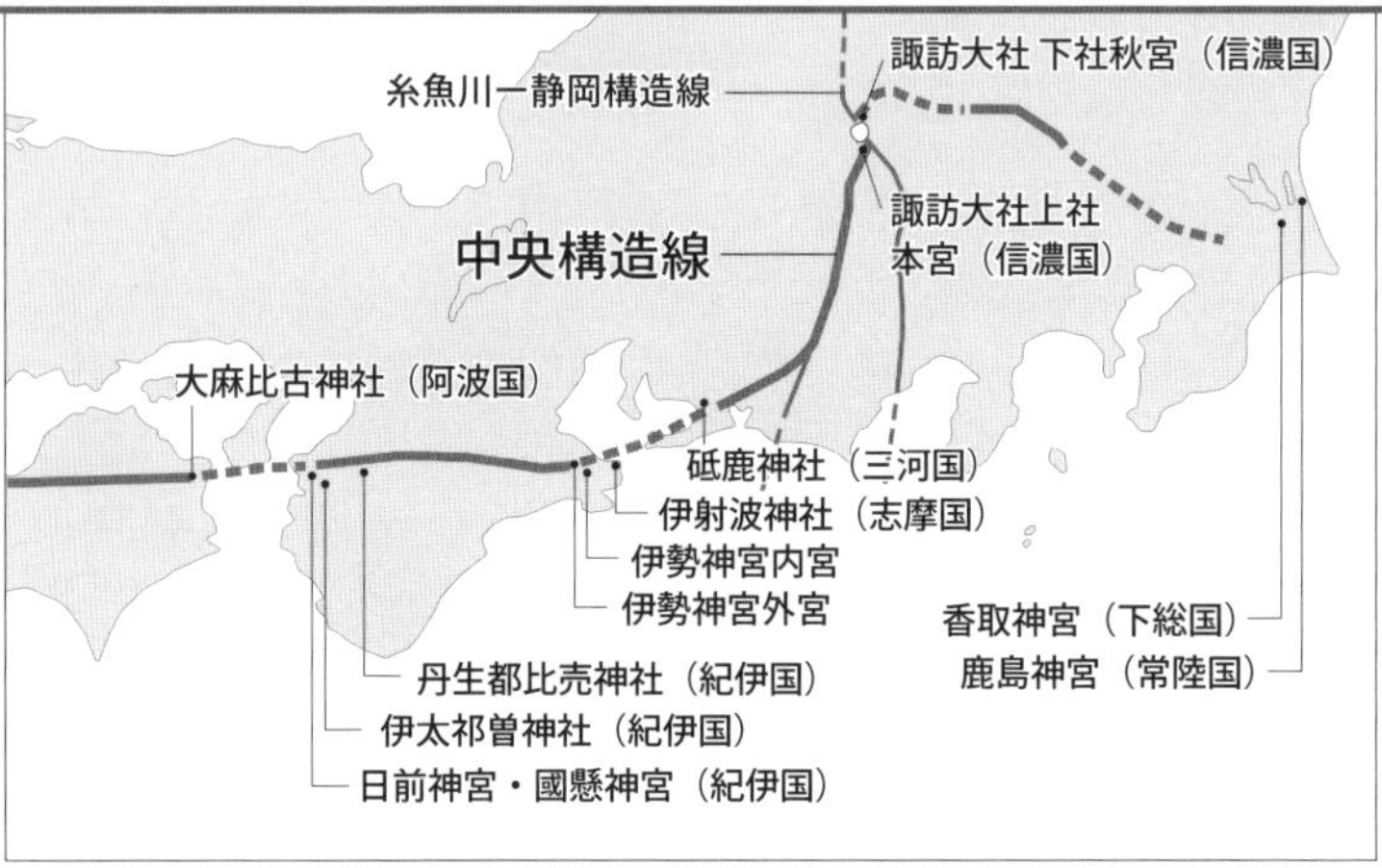

中央構造線の近くに点在する伊勢神宮と令制国（旧国名）の一宮

世の中には様々なレイラインが存在します。レイラインとは複数の古代遺跡などを直線で並ぶと一致するといういわゆるスピリチュアルなもので、個人的には懐疑的に思っているのですがひとつだけ気になるレイラインがあります。それは、中央構造線上に各地域で最も社格の高いとされる神社・一宮が並んでいるということです。中央構造線上にある諏訪湖を取り囲むように鎮座する諏訪大社は本殿を持たない古代から続く信仰の場所です。伊勢神宮は内宮と外宮がありますが、外宮は中央構造線の真上にあり、伊勢神宮の禊場《みそぎば》である夫婦岩も真上にあります。阿波国の一宮である大麻比古神社も真上にある。それらは何を意味しているのでしょうか。中央構造線は日本最大の断層帯ですが、地表に地殻変動の痕跡として断層崖や地溝帯を残しています。古代人はそこに土地のパワーを感じ、祭祀を行う場所にしたのかもしれません。日本人は縄文時代から自然物を神として敬ってきました。巨大断層帯の近くは人を呼び寄せるパワーがあるのかもしれません。

# 第4章
# 「河川」がつくる地形

①満潮時の土佐堀川と中之島
中之島の土地は満潮時の土佐堀川よりも低い場所にある。高度経済成長期の地盤沈下で下がったものだ。

## ゼロメートル地帯——ゼロメートルは非安全地帯

大阪のビジネス街である中之島は堂島川と土佐堀川に挟まれた中洲で、満潮時には河川の水位が中之島の土地より高くなることがあるが、これは上流に毛馬閘門があるため、この辺りは大阪湾の潮位がそのまま現れているのだ。①の写真は中之島から見た土佐堀川である。ちょうど満潮時の時間帯だが、水位が中之島の道路より高いことがわかるだろう。②の写真は堂島浜と堂島川で、奥に見えるビル群が中之島である。堂島浜側はビルの裏手になるが、ビルの前の道路と高さは同じである。水面よりもかなり低い場所に地面があることがわかる。川沿いはコンクリートの防潮堤で囲われているので一階の窓からは川は見えない。昭和20年代のモノクロ写真では土佐堀川で貸しボートに乗って楽しんでいる人たちが写っている。川沿いのベンチにはビジネスマンやOLなどがたくさん座っており、昼休みの憩いの場であったようだ。昭和30年代の盛期には20件以上の貸しボート屋があったようだが、その後、

**②堂島浜の防潮堤と満潮時の堂島川**

堂島浜の一階部分は満潮時の堂島川よりも低い場所にある。高度経済成長期の地盤沈下によって下がったもので、高潮対策として防潮堤が設置されている。

高度経済成長期に地盤沈下が起き出し、高潮対策として防潮堤を作ったことで貸しボートは衰退したようである。

地盤沈下のグラフを見ると、昭和20年頃から昭和30年代にかけて地下水位が急激に下がりだし、それに合わせて各地で地盤沈下が起こっている様子がわかる。最も激しい西淀川区大野は2メートル以上も下がっているのだ。これらの原因は、ビルや工場の乱立によって地下水が大量に汲み上げられた結果である。一度沈んだ地盤は元には戻らない。大型の台風が来るたびに高潮や水害に見舞われた大阪の町は、防潮堤がどんどん補強されて高くなり、まるで塀に囲まれた町のようになってしまったのである。

日本の国土の約10％にあたる沖積平野には、総人口の約50％の人が居住しており、全国の約75％の資産が集中しているという。沖積平野の大部分はかつて河川が氾濫を繰り返した場所で、本来は人が住むには不向きな場所である。人が低地に住み始めたのは弥生時代の頃で、水田を開拓するために人々は低地の中でも比

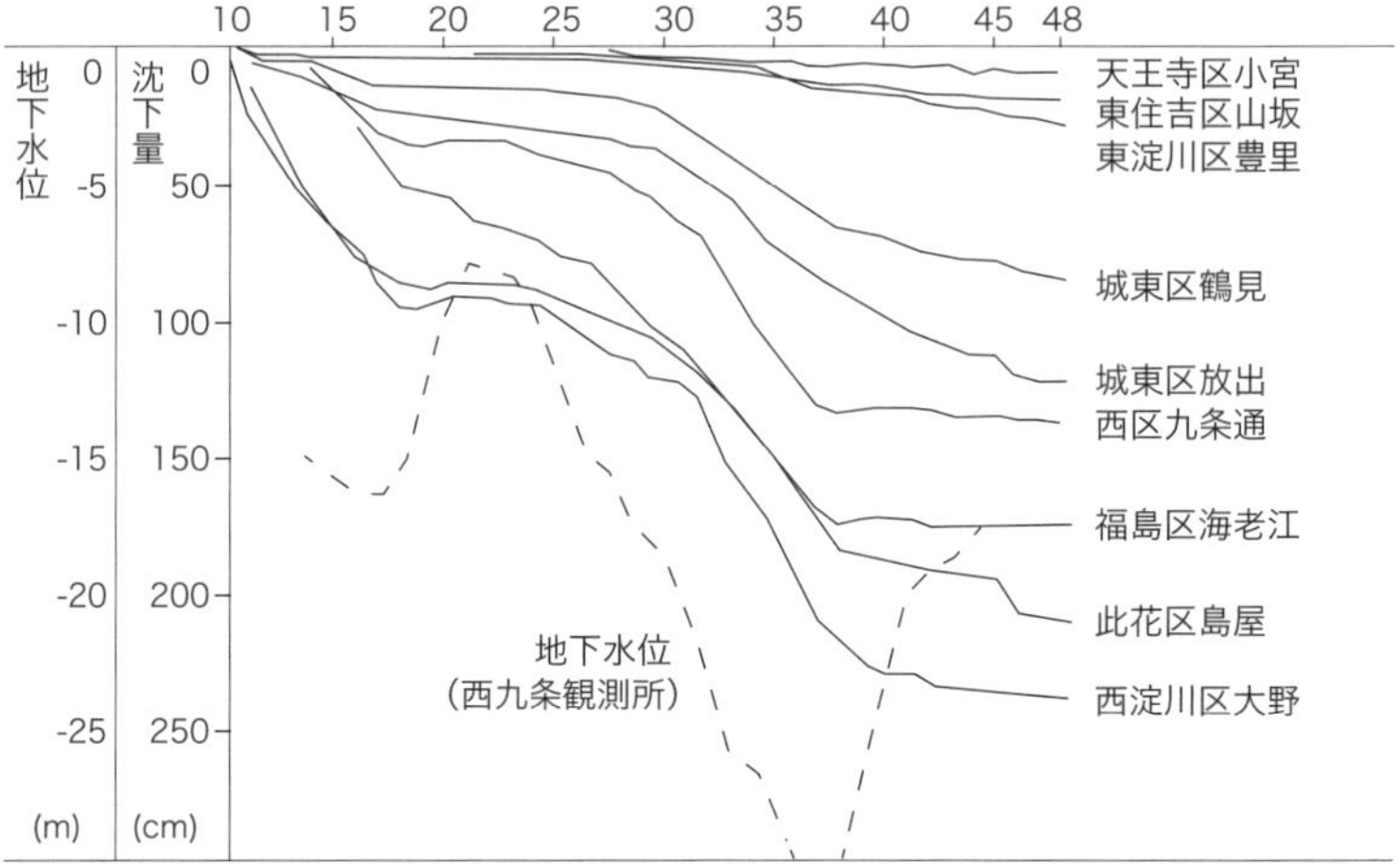


**大阪の地盤沈下量と地下水位**（出典：国土交通省近畿地方整備局・淀川河川事務所『淀川百年誌』）

較的標高の高い微高地に集落をつくり暮らし始めた。そのような場所に地形を変え、川の流れを変えて高い塀をつくって我々は暮らしている。普段の生活ではほとんど気にも留めていないことだが、ゼロメートル地帯や防潮堤に守られて暮らしていることを普段から意識することは、いざという時の行動に役立つかもしれない。

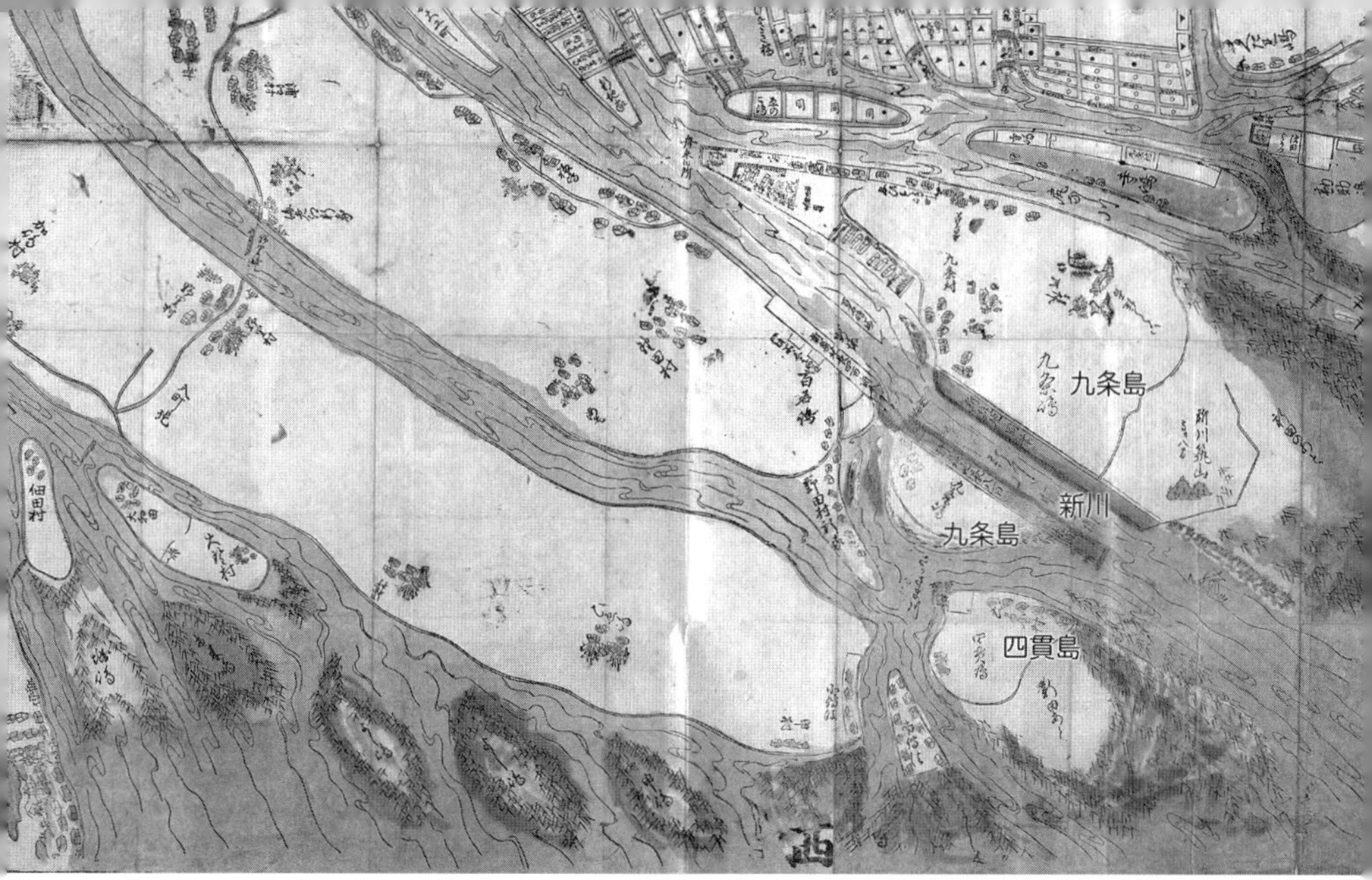


**『大坂大繪圖（元禄９年・1696）』の部分**（国立国会図書館デジタルコレクションより）
江戸時代初期の海岸沿いの島々が忠実に記された古地図である。九条島は新川（安治川）が開削され２つに分断され、名前のまだない島は葦が生い茂っている。

## 三角州 ── 島が生まれていく様子が国生み神話につながる

河川が作る地形で最も海や湖に近い地形は三角州（デルタ）である。『地形学辞典』によると、河川の搬出する砂泥が河口付近に堆積し、浸食基準面の高さの付近に発達する低平な堆積地形とある。浸食基準面とは海面のことで、大阪平野や濃尾平野、関東平野などでは、河口付近に形成された三角州によってたくさんの島々ができ土地を広げていったのである。

平野は海に近づくにつれて土地の傾斜が緩やかになり、流れも緩やかになるため運ばれてきた土砂が堆積しやすい場所である。川は土砂が堆積した場所を避けて流れるため、結果的には放射状の流れとなり土砂も放射状に堆積していくのだ。

大阪平野は、２大河川である淀川と大和川が合流して大阪湾に流れ込み三角州を広げていった土地である。江戸時代前期の古地図『大坂大繪圖』を見ると、海に近い場所は集落も小さくて少なく、家が記されていない葦が生い茂る島々が描かれている。九条島や四貫島

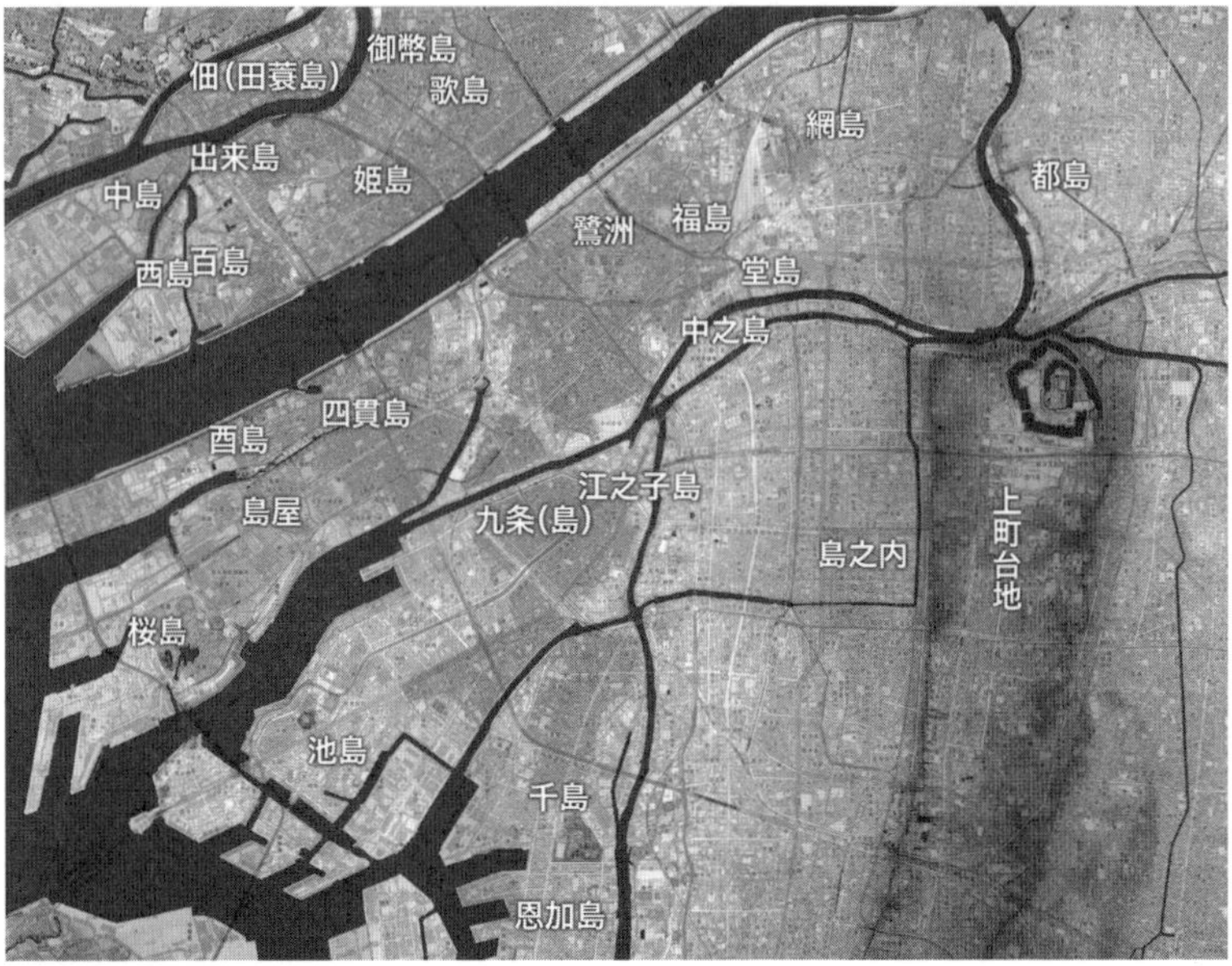


**大阪市内の島に関連した地名**

江戸時代は淀川の放水路はまだなく、旧淀川と中津川、神崎川などが島の間を流れていた。

の新田開発が行われているようだが、江戸時代の中期ごろから島々も次々と新田開発が行われていくことになる。湾岸の土地はすべて新田開発で広げられた土地だが、島の名前が町名として現在までひきつがれているところは多い。大阪市内で島がつく地名を見ていくと、堂島、中之島、網島、都島、福島、島之内、江之子島、柴島、加島、御幣島、出来島、竹島、歌島、姫島、中島、四貫島、恩加島、西島、桜島、島屋、北島、島町、千島、西島、百島、池島など消滅した地名を含めるともっとあっただろう。

ところで、江戸時代よりもさらにさかのぼると、上町台地から海側は干潟が広がり中洲の島々が点在するだけで人が住める環境ではなかったと思われる。淀川の河口に大小の島々がつくりだされていく様子を見て、平安時代の人たちは『記紀』に記された「国生み神話」を想起したのかもしれない。

記録によると平安時代から鎌倉時代にかけて、天皇が即位する際の神事「大嘗祭」が行われた翌年に難波で国家の繁栄と安寧を祈ったとされる「八十島祭」が

**四貫島にある住吉神社**
四貫島は淀川河口にできた島のひとつで、島の開発後に四貫文で買い受けたことに由来するという。立派な神社も島に集落ができだした頃には小さな祠だったのだろう。

行われている。この祭祀は、京の都から高位の女官・典侍《ないしのすけ》を中心に貴族や警備の武士など大勢の人が参加したといわれる。ちなみに国生み神話とは、最初の神である伊邪那岐命《いざなぎのみこと》と伊邪那美命《いざなみのみこと》が日本の国土が水に浮いた油のようにフワフワと海面を漂っている時代に、本州や九州、四国などの島々を生みだして国の基礎を作り上げたという話である。大阪の各地には八十島祭が行われたという伝承が残っているが、「曽根崎心中」で有名な露天神社や佃にある田蓑神社にも伝承が残っている。現在は埋立地の造成や川の埋め立てなどでかつての島だった痕跡を探すのは困難だが、島がつく地名やその地に残る古い神社などをたどると、島だった頃の地形がイメージできるかもしれない。

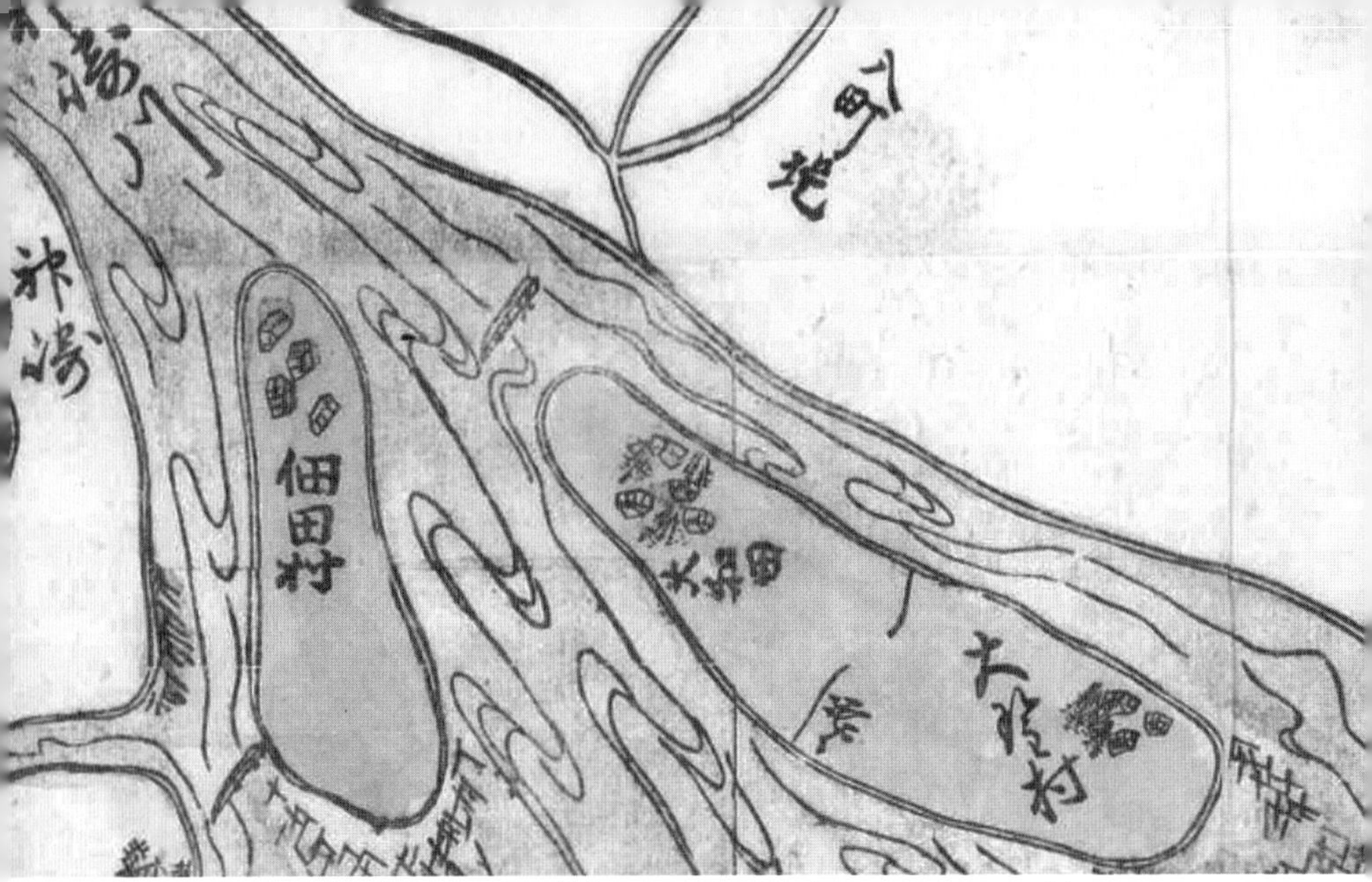

『大坂大繪圖』（元禄９年・1696）の部分　（国立国会図書館デジタルコレクションより）

## 中洲――鳴かぬなら中洲で待とうホトトギス

中州とは、川の中において上流から流れてきた土砂などが堆積し陸地になった部分のことである。『地形学辞典』では流路州がそれにあたり、河道内の砂州や水路州という呼び方もあるようだ。福岡市博多区の中洲や大阪市北区の中之島などがそれにあたる。

大阪府と兵庫県の境界を流れる神崎川に大きな中州の島がある。多くの島が埋め立てなどによって島の形を失っていったが、今もなお島の形を残している土地である。佃という地名の島は、元は田蓑島といい佃煮で有名な東京の佃島と深く関わる島でもあるのだ。

天正年間、徳川家康公が神崎川の支流・猪名川の上流域に鎮座する多田神社に参詣する際、田蓑島の漁夫らが渡船を務めた縁で家康公が島に立ち寄り、漁業の傍ら田も作れと命じて村名が田蓑から佃に改められた。村人は田蓑の名を残すために住吉神社を田蓑神社に改称したといわれる。また、家康公が関東へ移る際に将軍家に献魚の役目を命じられ、神社の宮司ら34名が江

田蓑神社境内に鎮座する家康公を祀る東照宮

東京・佃島の住吉神社横の水路
下町と高層マンション群とのコントラストが東京独特の都市風景を醸し出している。

**佃地域を封鎖した時の防潮鉄扉**
台風などによる高潮の浸水被害を防ぐため、防潮鉄扉の閉鎖訓練が国道２号線を封鎖して定期的に行われている。

戸へ移住し「どこで漁をしても良し。又、税はいらない」という特権を与えられたという。その移住先が東京の佃島で、田蓑神社と同じく住吉三神と神功皇后、さらに徳川家康公を祀った住吉神社が鎮座するのである。

大阪の佃は、島の突端部に田蓑神社が鎮座している。島の周囲は高い防潮堤がぐるりと島全体を囲んでおり、大阪湾の最低潮位より約8メートルの高潮に耐えるように設計されているという。島には神戸と大阪を繋ぐ国道2号線が通っているが、高潮の時は道路を封鎖して防潮鉄扉を締めて島全体を高い塀で覆ってしまうのだ。逆に考えると、そのようにしないと住民を守れないということでもある。

今お住まいの地域のハザードマップを確認したことがあるだろうか。私が住んでいる大阪市淀川区では、淀川や神崎川の氾濫や、高潮及び内水氾濫による浸水と南海トラフ巨大地震による津波浸水が想定されている。内水氾濫とは、土地が低いために急激に大雨が降ると雨水の排水が追いつかず溢れてしまうことだ。想

**大型台風の通過した翌日の淀川**
河川敷まで水位が上がっているがまだ余裕がある。大雨が降った後など、上流の水を海に流す淀川の役割は非常に大きい。

像しにくいことだが、周囲の地形がわかっているとあり得ることだと理解できる。いざというときにご自身や家族が安全に避難できるよう、普段から安全な避難場所（災害時避難所等）や避難経路を確認しておくことが大事である。

長野県上田城の段丘崖
芝生部分はかつての河川敷で川の流れによって崖が削られていった。

## 河岸段丘——河川によって段々できてゆく段々

河岸段丘とは、河川の流路に沿う階段状地形で氾濫原よりも高い位置にあるものを指す。河成段丘ともいう。河川が回春し、もとの谷の中に新しい谷ができると、旧谷底は段丘面、新谷壁は段丘崖とよばれ河岸段丘が形成される。河川の回春が何回も行われると、数段の河岸段丘が生成されるのだ。

教科書などで河岸段丘の代表として紹介されることが多い群馬県沼田市の河岸段丘は、片品川が利根川と合流する地点に発達しており、段丘面と段丘崖が6〜7段の階段状に続いた地形になっている。地形図（22頁の地形図参照）を見るとはっきりとした高低差が確認できるが、このように美しい河岸段丘ができたのは川の流れによって浸食されやすい地質だったことも関係している。

沼田付近の地質図を見ると、上部に関東ローム層と沼田礫層、下部の沼田湖成層などで構成されているが、このことからかつてこの辺りには湖が広がっていたこ

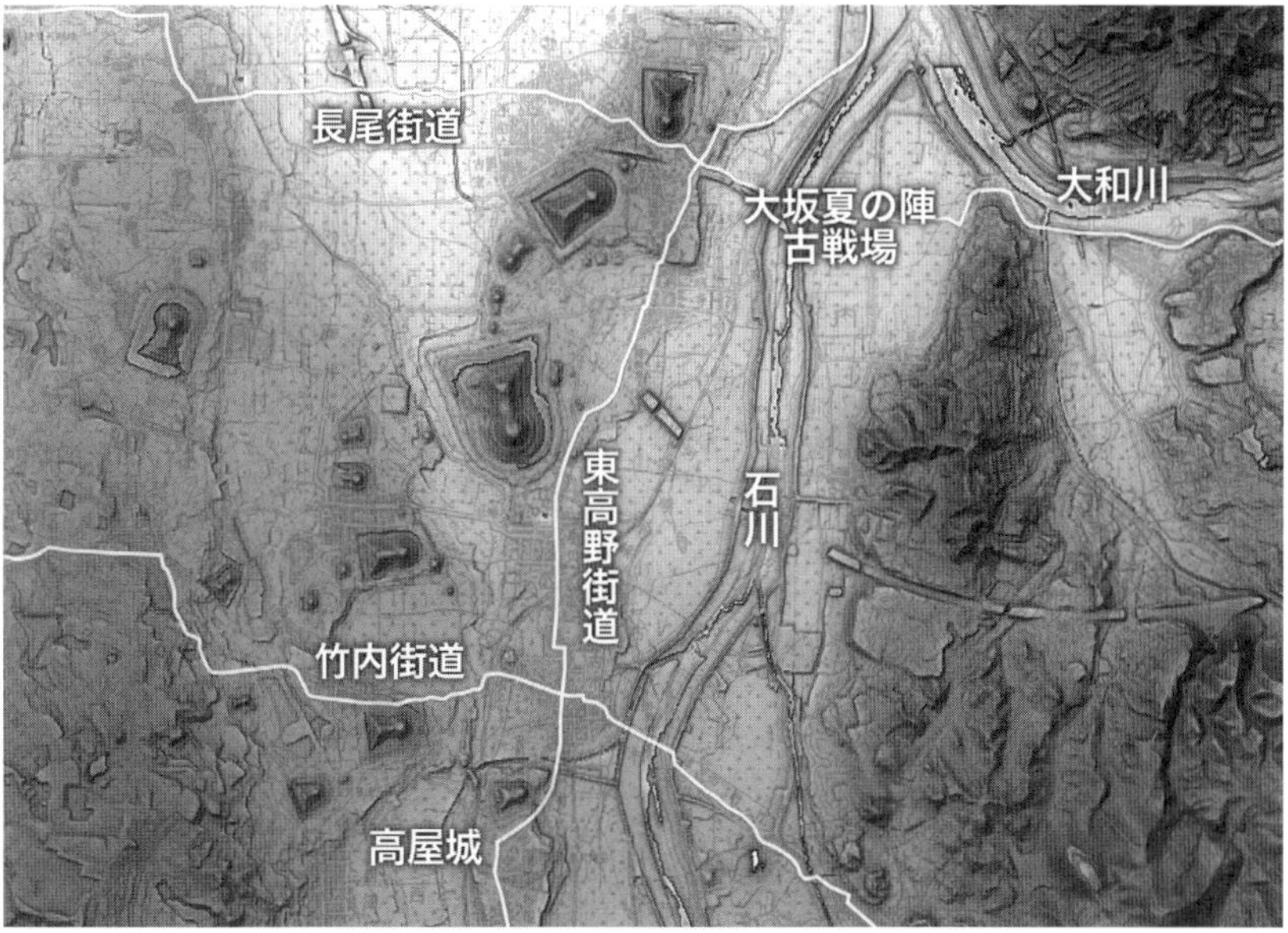


**石川沿いの下位段丘面に点在する古墳群**

竹内街道・長尾街道は、丹比道・大津道と呼ばれ住吉津や百舌鳥古墳群と奈良盆地を東西に結んでいる。

とがわかる。今から約15万年前、赤城火山の噴火による堆積物などで利根川が堰き止められ、東西約8キロメートル、南北約6・5キロメートル、深さ約１００メートルの湖をつくった。約10万年前に湖は消失するが、湖底堆積物の上に谷などからの砂礫や火山灰などが堆積したと考えられるのだ。急峻な崖と平らな土地は、戦国時代に城をつくるには適した土地であった。真田氏は河岸段丘がつくる自然の要害を巧みに活かして沼田城や上田城を築城したのである。写真は上田城の石垣だ。手前の芝生公園一帯は、江戸時代には千曲川の分流が流れる河原で要害であったことがわかる。この河岸段丘の上の平らな段丘面に城下町がつくられていたのだ。真ん中の層に自然地形の露頭が見える。この辺りは上層に火山が崩壊した土砂などが堆積した上田泥流層、その下に火砕流に由来する粉塵が堆積した層、一番下が川が運んできた砂礫が堆積した染谷層である。特に真ん中の地層が柔らかく浸食に弱いため、江戸時代中期に崖を侵食から守るために石垣が築かれたのだ。

**高屋城跡の段丘崖**
段丘崖を利用して周囲を土塁と堀で防御した城郭は、高屋築山古墳（安閑天皇陵）を本丸とし、段丘面に二の丸、三の丸が造られていた。

大阪府の南河内地域を流れる石川沿いの河岸段丘も要害の地として様々な歴史を刻んでいる。石川と大和川が合流する北部では下位段丘面が南北に続き、中流域では中位段丘面が発達している。下位段丘面には世界遺産でもある古市古墳群が、戦国時代には高屋城が築かれ、中位段丘面には富田林寺内町がつくられて商人の町として大いに栄えたのである。

石川と大和川が合流するエリアは低湿地帯が広がっているが、海沿いの港と飛鳥京を結ぶ東西交通路と生駒山地沿いを南北に通る南北交通路がクロスする要衝で、一段高い平らな段丘面を利用して墳丘長200メートル以上の大型前方後円墳6基を含む、120基以上の古墳が築造された。

奈良・平安時代には、段丘面の北端に河内国の国府が置かれて政治の中心地となり、戦国時代には、段丘崖を要害として利用し天皇陵を本丸とした高屋城が築造された。城主は守護職の畠山氏であったが、安見氏・三好氏との争奪戦を繰り広げて織田信長によって落城させられる。

**富田林寺内町の木戸口である中山田坂**
河岸段丘の平らな段丘面に寺内町が造られ、戦国時代は段丘崖を利用して周囲を土塁などで防御した自治集落を形成していた。

さらに大阪夏の陣では、徳川軍約3万と豊臣軍約1万8千の兵が段丘崖を前線として争った。真田信繁は徳川軍の戦いを見て「関東勢百万と候え、男は一人もなく候」という名言を残しているが、おそらく段丘崖の上から見下ろしていたのだろう。

そこから数キロ上流にいった中位段丘面には、周囲を土塁で囲んだ富田林寺内町が戦国時代に造られた。寺内町とは主に浄土真宗の寺院のまわりに門徒などが集まって集落を形成し、周囲を環濠で防御した自治集落である。江戸時代は幕府の直轄地となり、商人が集まり酒造家による酒造りも盛んになるなど、南河内地域の商業の中心地となっていった。現在も江戸時代と変わらない町並みが保存されており、段丘崖には寺内町時代の旧道の痕跡が残っている。

天井川の高川
河床の下を府道 145 号線が通っており、道路と堤防の高低差が約 8m ほどある。

## 天井川――屋根より高い天井川

川床が周囲の地表面より高くなっている川を天井川という。水田など平野の開発が進んで河道と堤防が固定されると、河川が運んでくる土砂によって川床が高くなり川の氾濫を回避するために住民は堤防を高くしていく。それを繰り返すうちに川床が周辺平野より著しく高い河床をもつ天井川が形成されるのだ。大阪に住んでいると天井川はそれほど珍しい地形と思わなかったが、東京の地形マニアの方達が来阪した時に天井川をとても珍しがっていたことが印象的だった。

大阪近郊では千里丘陵から流出する天竺川や高川、六甲山から流出する芦屋川、住吉川、石屋川などが代表的な天井川だろう。トップの写真は千里丘陵から流れる高川である。車が通る府道と比べるとかなり高い場所に川が流れていることがわかるだろう。戦前までの道は堤防の上を越えて反対側に続いていたが、府道が整備される時に河床の下にトンネルを掘ったのだ。近年の改修工事でコンクリート製の河川橋に変わって

**千里丘陵から続く天井川**
低地は肥沃な土地で中世から広大な水田が広がっていた地域である。

しまいトンネル感がなくなってしまったように感じる。地形図を見ると千里丘陵南端と低地との間には約8〜15メートルの崖があり、千里丘陵から流れてくる天竺川と高川には崖と同じ高さの天井川が形成されている。この崖は縄文海進によって海が削った海食崖でもあるのだ。縄文海進によって低地には海成粘土層が堆積し水田をつくるには適した土地であった。中世には地域一帯に広がる摂関家の荘園「垂水西牧《たるみにしまき》」が奈良春日社に寄進され、管理を行う目代として、また南郷春日神社の祭祀を司るため下向した今西氏の屋敷が今も残っている。

　六甲山地は花崗岩で構成されていることもあり、雨が降ると大量のマサ土が山肌を流れだす。急峻な谷を流れる土砂交じりの雨水は、六甲山麓に扇状地が連続する傾斜地をつくっていったのだ。そのため古代から集落は海岸沿いや、川の氾濫を避けた土地に点在する程度であり、明治以降はそんな土地に鉄道網が整備されて住宅地が広がっていった。

　六甲山南麓の河川は、旧湊川や旧生田川のように川

旧石屋川隧道と JR の高架橋
鉄道が高架になったため隧道は道路になりその上を今も石屋川が流れている。

の付替えで天井川でなくなった河川はあるが、石屋川、住吉川、芦屋川、夙川などは現在も天井川である。中でも最も発達しているのは住吉川で、その高さは国道2号線を車で走るとまるで山をひと山越えるような高低差だ。日本で最初の鉄道トンネルもそんな天井川を貫いたもので、石屋川隧道は明治4年に完成し、住吉川、芦屋川にもトンネルが掘られて明治7年に大阪〜神戸間が開通したのである。

現在の石屋川は、高架化されて川の下を道路が通っている。住吉川や芦屋川は今も河床の下を電車が通っているのだ。

伝茨田堤
淀川中流域は古代から水害に悩まされており、仁徳天皇の時代に堤防（茨田堤）が設置されたことが『日本書紀』に記されている。

## 自然堤防と後背湿地——微高地こそ地形歩きの醍醐味

自然堤防とは、河川の上流から運搬されてきた砂などが河道の岸に沿って堆積して形成された微高地のことである。洪水の時に水が河道からあふれると河道に近い部分は砂などが堆積し、河道から離れた場所は粒の小さなシルトや粘土が堆積する。それらを繰り返すうちに、微高地である自然堤防とその背後に後背湿地が形成されるのだ。自然堤防は集落や畑、道路などに利用され、後背湿地は水田として利用されてきた。水田がなくなってしまった都市部でかつての自然堤防や後背湿地の痕跡を探すのは困難だが、今昔マップや治水地形分類図などを利用するとおおよそ見当がつく。

①は、淀川中流域の治水地形分類図から旧河道と微高地（自然堤防）を書き出したものである。淀川周辺の古川や寝屋川などが氾濫平野で氾濫を繰り返してきた様子がわかるが、その近くに自然堤防が形成されているのだ。その図に明治時代の地図を重ねたものが②になる。自然堤防の微高地に集落ができており、後背

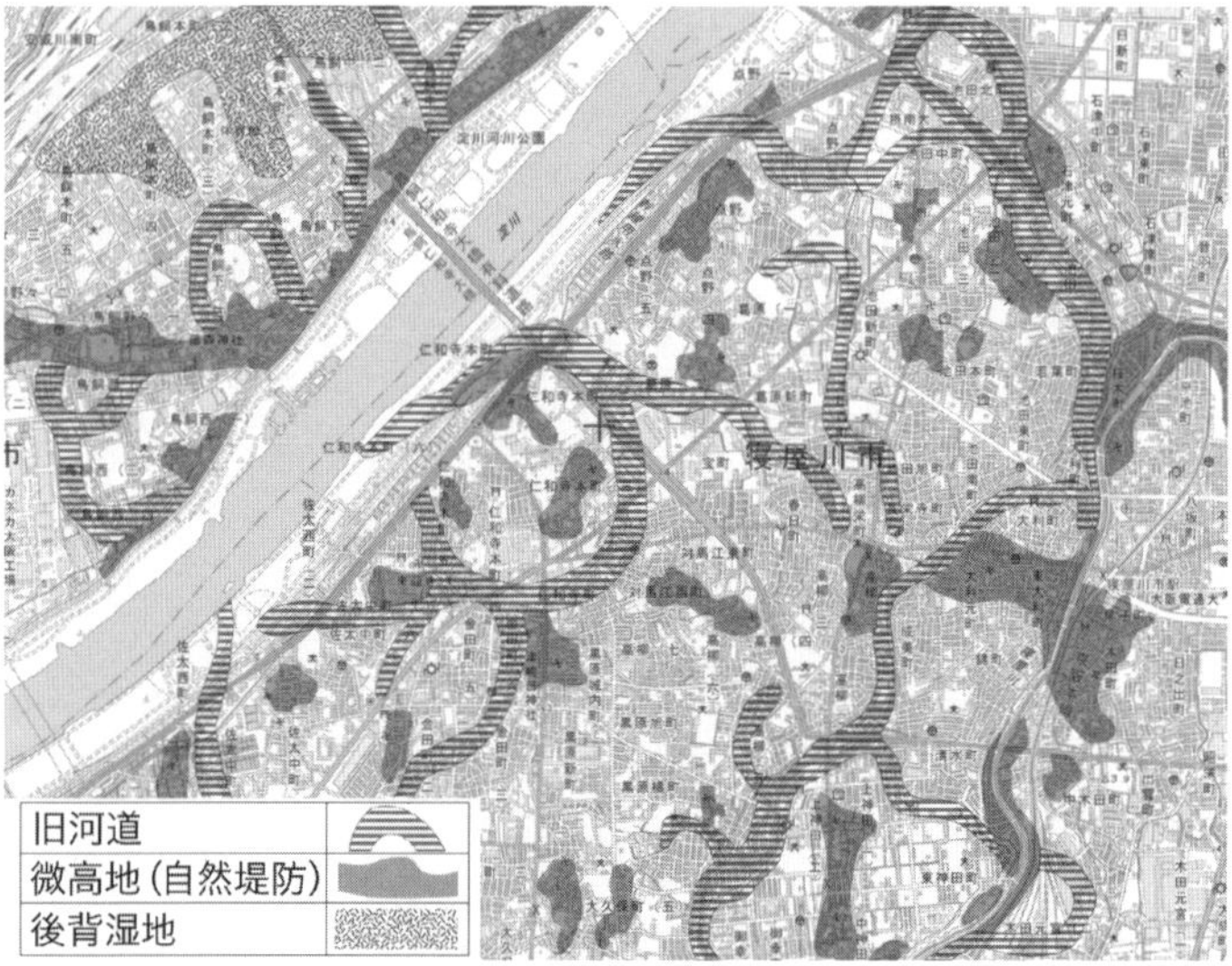


①淀川中流域の治水地形分類図（国土地理院）

氾濫平野の中は旧河道と自然堤防、後背湿地が分布している。

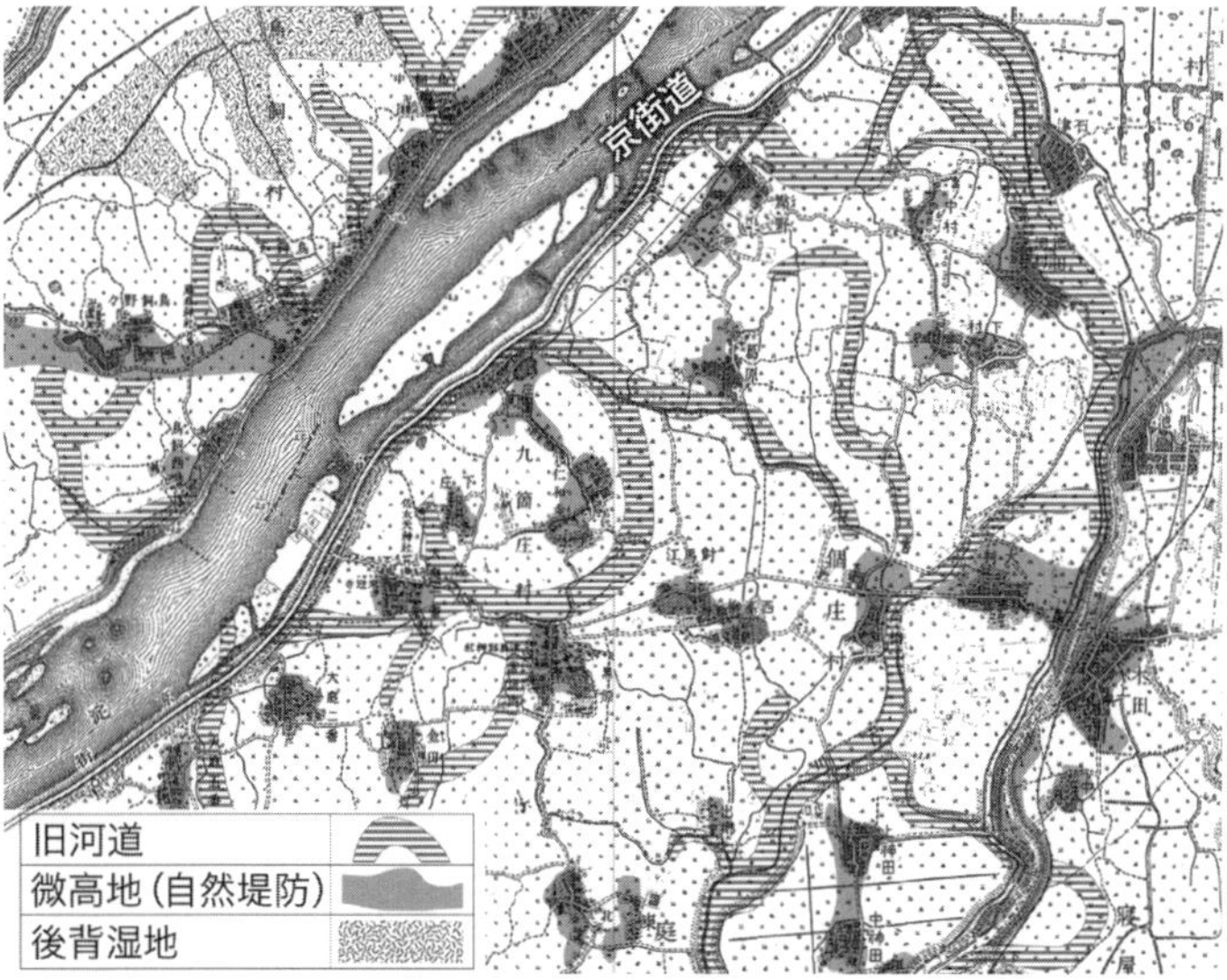


②治水地形分類図と明治時代の旧版地図（国土地理院）

旧河道沿いにできた自然堤防の上に集落ができて氾濫平野がすべて水田になっていた様子がわかる。

**段蔵**
蔵の基礎を階段状にして洪水に備えた構造で、かつては淀川流域でよくみられた。

湿地には水田が広がっていることがわかるだろう。淀川の中流域は古代から水害に悩まされていた地域で、『日本書紀』の仁徳天皇11年には、日本で最初に築かれた築堤・茨田堤《まんだのつつみ》のことが記されている。かなりの難工事だったようで、完成させるために河の神に奉げる人身御供《ひとみごくう》があったようだ。門真市を流れる古川の近くに堤根神社がある。堤の字が使われているが、境内に茨田堤と伝わる築堤跡が残っている。茨田堤を築いた茨田氏がその鎮守として彦八井耳命《ひこやいみみのみこと》を祀ったことが創建とされている。

　江戸時代には洪水から蔵を守るために段蔵が築かれたのも淀川流域の特徴だろう。段蔵とは、川が氾濫した時に備えて蔵の下に石垣を組んだもので1m前後の高さが多かったようだ。はっきりとした高低差がない場所でも、今昔マップや国土地理院の治水地形分類図などを使えばかつての地形が蘇ってくる。微地形や微高地こそ地形マニアが萌えるエリアなのである。

**寝屋川治水緑地（深北緑地）**
普段は公園として利用されているが、大雨の時には河川から水を流して一時的に水を貯える施設でもある。

## 遊水池――失われた天然の遊水池

遊水池とは、『地理学辞典』によると河川敷内、あるいは氾濫原内、または洪水などの出水時に、一時的に水を貯留する囲い堰内で一時的に浸水する土地をいう。浸水時には池のようになるが、ふつうのときには湿地のようになっていることもある。遊水地と表記する場合もある。

大阪では生駒山地の西麓に広がる低地の治水対策として、寝屋川治水緑地・花園多目的遊水地・打上川治水緑地などの遊水地がつくられている。寝屋川治水緑地の場合、普段は芝生広場や野球場、遊具を設置した広場などになっているが、公園の周囲を寝屋川の堤防と同じ高さの堤で囲んでいる。大雨の時は増水した河川の水を一時的に貯留することによって、洪水による被害を防止する役割を担っているのだ。寝屋川治水緑地がある場所には、江戸時代までは深野池という大きな池があり新開池というもうひとつの大きな池と繋がっていた。大和川や寝屋川、生駒山地から流れる河川

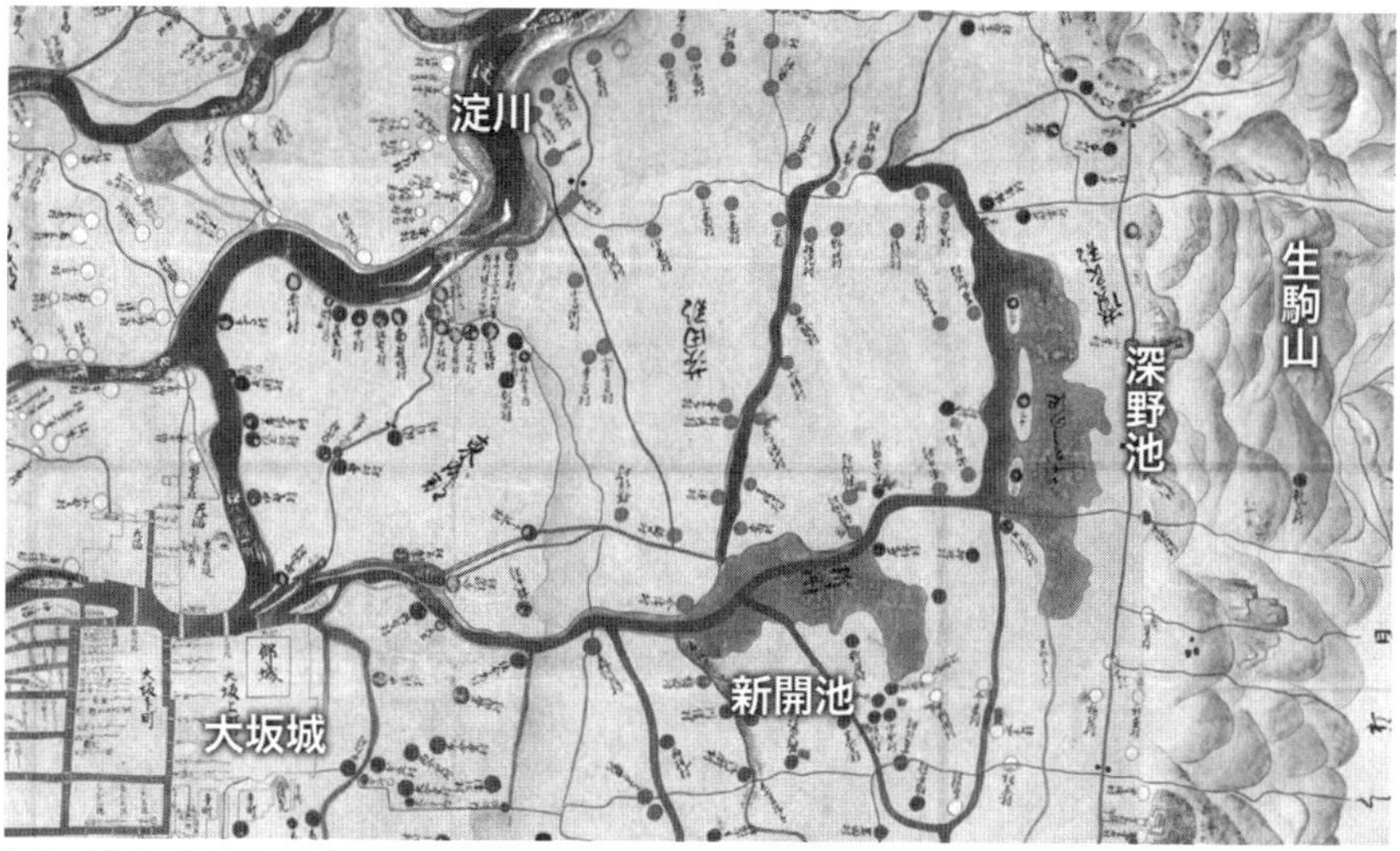


**摂津河内国絵図（部分）**（国立国会図書館デジタルコレクションより）
深野池と新開池は河内湖の名残でありかつては天然の遊水池であった。

はすべて２つの池に流れ込んでおり、天然の遊水池の役割をしていたのである。しかし、１７０４（宝永元）年に大和川の付け替え工事が行われ、深野池や新開池の水位が減少して生まれた広大な低湿地帯では新田開発が行われていき、いつしか２つの池も消滅したのである。

　同じようなケースが京都にもある。京都の宇治川と淀川の合流点付近にはかつて巨椋《おぐら》池という湖といってもいいような大きな池があった。その大きさは、東西約４キロメートル、南北約３キロメートル、周囲約16キロメートルと甲子園球場の約２００倍もの広さを有していた。京都盆地は東西にある断層を境に隆起と沈降を繰り返している地溝盆地である。巨椋池は盆地内で最も低く水が溜まりやすい場所にできたのだ。古くは桂川、宇治川、木津川の三川すべてが巨椋池に流れ込み、京都盆地の天然の遊水池の役割を果たしていたのである。

　戦国時代、豊臣秀吉は伏見城の築城資材の運搬水路の水深を保つために、堤防を建設して巨椋池の周りに

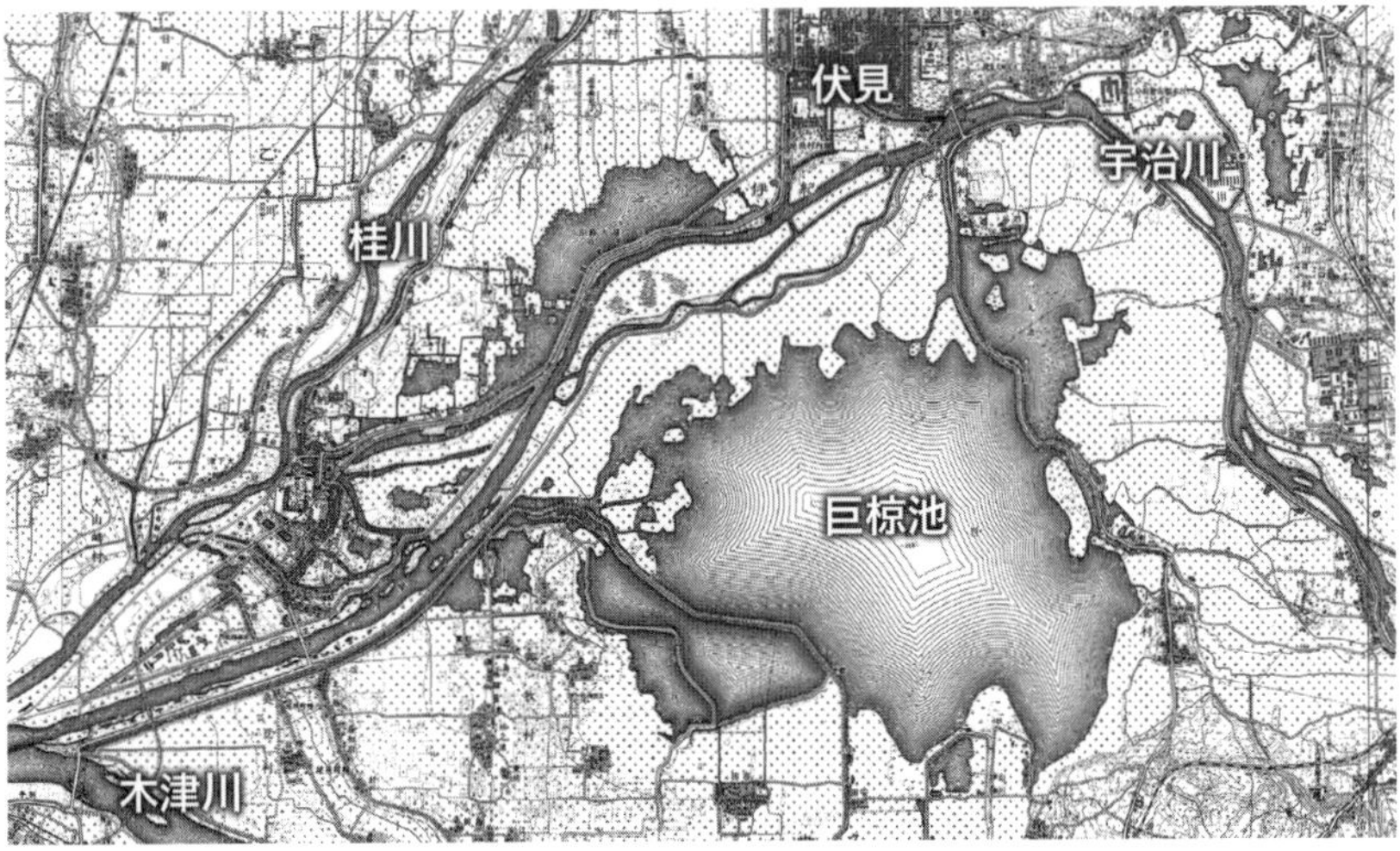


**明治時代の巨椋池**（国土地理院旧版地図）
京都盆地からあふれた水を一時的に蓄えていた天然の遊水池であった。

堤防を築いた。このことで巨椋池に流れ込む水の流れが大きく変わることになる。その後も洪水は頻繁に起きたが、明治18年に起きた洪水は三川合流のすぐ下流にあたる枚方で堤防が決壊し、寝屋川流域や大阪市域が水害に襲われた。大阪府の世帯数の約20％となる約7万1000戸が約4メートル浸水し、家屋流失約1600戸、損壊約1万5000戸、被災人口は約27万人という甚大な被害に見舞われたのだ。この水害を機に淀川の河川全体を根本的に見直す淀川改良工事の機運が一気に高まったのだ。明治後期に行われた淀川改良工事により巨椋池は完全に独立した池となる。水の循環を失い生活廃水や農業排水が流れ込み水質が悪化していったのだ。それが蚊の大量発生を招いて巨椋池沿岸はマラリア流行指定地になってしまった。巨椋池はほとんど無用有害に近い存在となって農地に転換する声が高まり、国内で初めての国営干拓事業が行われ、昭和16年に完成したのである。

# 第5章
# 「海岸」がつくる地形

**天橋立**
夏の砂浜は海水浴場としても賑わっている。対岸には丹後一宮で元伊勢の籠神社や成相寺、丹後国分寺跡など名所旧跡が点在する。

## 砂州——砂の供給先と沿岸流を妄想してみる

海食崖付近で生産された砂礫や河川によって運ばれた砂礫が、沿岸の波と流れによって運ばれて岬や海岸の突出部から海側に細長く伸びた砂礫の州を砂嘴という、砂嘴がさらに伸びて対岸にほとんど結びつくようになったものを砂州という。砂州の代表的な場所といえば京都府北部にある天橋立であろう。

天橋立は、丹後半島の東側の河川から流出した砂礫が海流に流され、湾へ流れ込む野田川の海流とぶつかることで、北側より砂礫の帯が海中に堆積してできたものといわれている。

その始まりは、今から約6000年前に起こった縄文海進による海水面の上昇で、海面下では砂礫の堆積が始まり、海水面が低下していくと砂州が水上に姿を現し、弥生時代には対岸に近いところまでとどいていたという。天橋立を歩くと「日本の名水百選」に選ばれた磯清水の井戸がある。四方が海水の中にありながら、塩分を含まない不思議な名水なのだ。また、松並

河内湾Ⅰの時代（約7000〜6000年前）

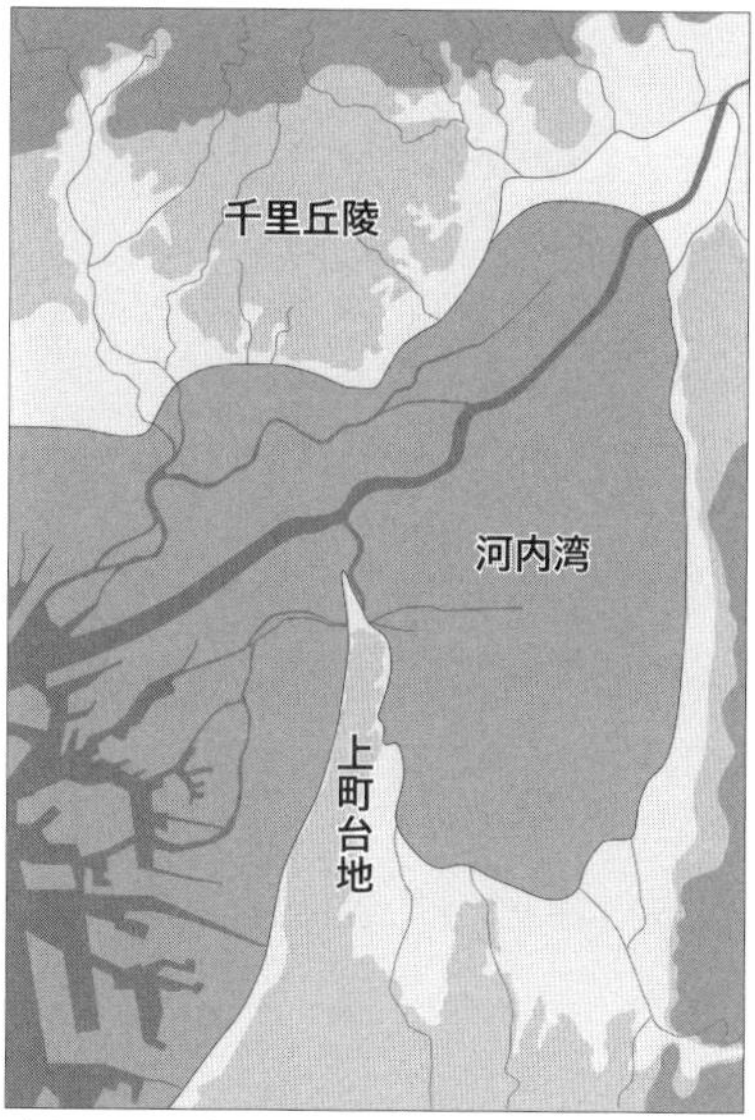


河内湖Ⅰの時代（約1800〜1600年前）

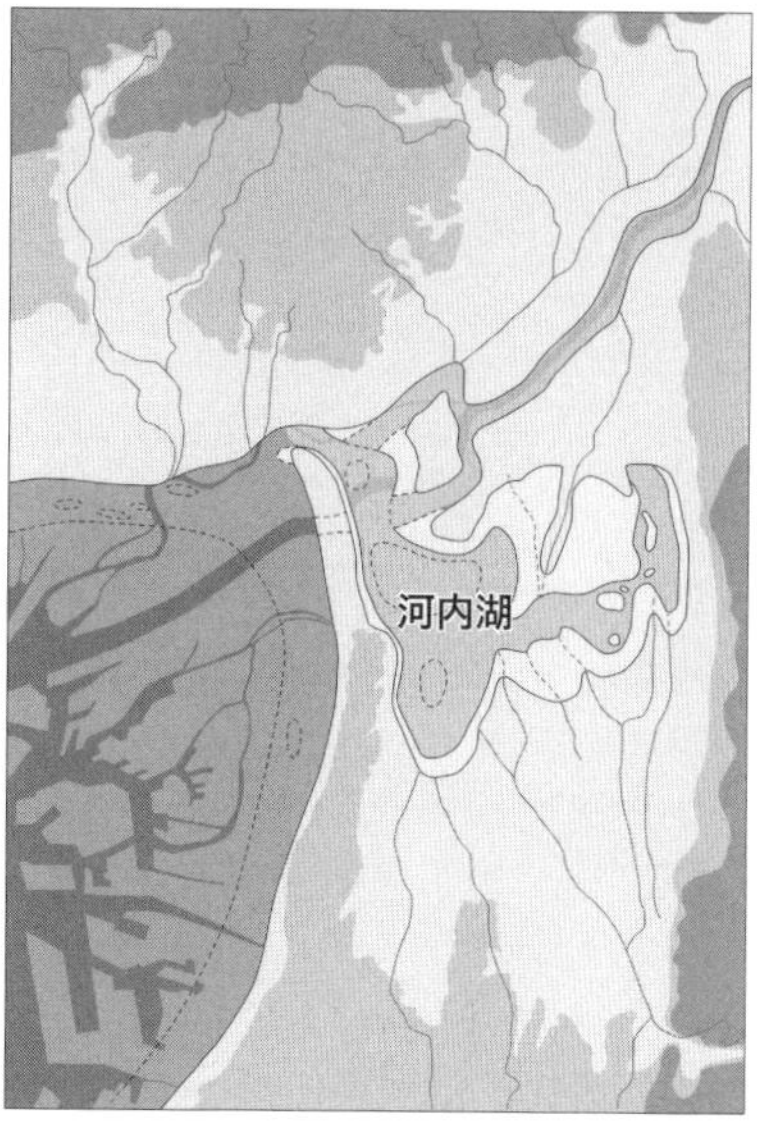


**大阪平野の古地理図**
上町台地の先端部に砂州が伸びていき、内海をふさいで淡水化が進んでいった。

木の中に続く道は「日本の道100選」に選ばれ、唯一無二の景観が心を癒してくれる。

大阪平野もかつては上町台地の先端部から南北に砂州が発達していたと考えられている。縄文海進による海水面の上昇は大阪平野の大部分を内海にし、生駒山地との間に広大な河内湾を形成した。淀川や大和川が運んできた砂礫は大阪湾に流れ込み、湾岸流によって上町台地の先端部に砂州が堆積して伸びていったのだ。海水面が低下していくにつれて砂州は河内湾を塞ぐような形になり、河内湾は徐々に淡水化が進んでいった。さらに、砂州の一部が決壊、あるいは人工開削によって放水路が生まれ三角州が形成されていったと考えられるのである。

上町台地に並行するように沿岸部には砂が堆積し、台地と砂州の間にラグーン（潟湖）が形成されて天然の良港ができたと考えられている。（48頁の古地理図参照）

住吉神社の総本宮・住吉大社周辺には、ラグーンによってできた住吉津《すみのえのつ》と呼ばれる港があった。外海と隔

**磯清水の井戸**
天橋立の中央部に湧く名水百選の水。

てられたことで波静かだった住吉津は、古代よりヤマト政権にとっても重要な外港であり、遣隋使船や遣唐使船は住吉大社で航海の安全を祈願し出航していったといわれる。

淡路島には少し珍しい砂州がある。紀淡海峡に面した淡路島の東沖合約1キロメートルの位置に成ヶ島と呼ばれる場所がある。北端には標高49・2メートルの成山があり、南端にある小高い丘の高崎との間は南北に細長く陸繋砂州で結ばれているのだ。陸繋砂州とは、島と陸とを繋ぐ砂州もしくは砂嘴のことでトンボロともいう。成ヶ島は島と島が砂州で繋がっているのだ。砂礫の供給源は淡路島の南側に続く灘海岸である。和泉層群の隆起した海食崖が20キロメートル近く続くエリアである。

日本列島の海岸線の多くは、縄文海進によって内陸部まで海水が侵入し、その後の海退と砂礫や土砂などの堆積によって海岸線は形成されているといっていいだろう。そんな視点で海岸線を歩くと発見があるかもしれない。

**住吉大社の太鼓橋**
下の池はラグーンの痕跡だと考えられており、かつては海とつながっていたのだ。

**淡路島成ヶ島の島と島を繋ぐ砂州**
展望台がある成山と南端の高崎との間は陸繋砂州（トンボロ）でつながっている。

**城ヶ崎の波食棚**
砂岩泥岩互層の縞模様はタービダイトによってできた地層である。

## 海食崖と波食棚——崖を見たら縄文海進も疑え

海食崖とは『地形学辞典』によると、海に面した山地や台地で、波食作用がおもな原因で削られてできた崖。波食崖ともいう。海食崖は浸食作用により後退するが、それは崖の基部に直接働く波の打撃作用のほかに、岩石の割れ目に入った水や空気に加わる圧力などによって発生する。比高の大きな海食崖の場合には、崖の上方は風化作用や雨食・風食などを受け、基部の決壊により不安定となって崩落する。その結果生じた岩屑は波食の道具として前面に波食棚をつくるのに使われる。

大阪近郊では、和歌山県の海岸沿いまで行けば現在進行形の海食崖や波食棚などを見ることができる。加太地区は、紀伊半島の西北端に位置し、加太湾と深山湾に挟まれ海に突き出た突端部に城ヶ崎がある。城ヶ崎の展望広場へは、深山の運動公園駐車場から歩いて10分程度で、海の向こうには大小4つの島で構成される友ヶ島が見え、右手には休暇村紀州加太の建物が見

**城ヶ崎の海食崖と波食棚**
砂岩と泥岩の互層が波に削られて縞模様になっている。

える。それらには戦時中の砲台跡が残っており、淡路島側の生石山砲台と合わせて、紀淡海峡の防衛を目的とした由良要塞が置かれていた場所でもあるのだ。

城ヶ崎展望台から下をのぞくと、洗濯板状に縞模様になった波食棚が広がっているのがわかる。縞模様の地層は、砂岩と泥岩が交互に堆積した和泉層群の地層でいわゆるタービダイトである。タービダイトとは混濁流から堆積した堆積物のことをいい、洪水や地震、海底地滑りなどで土砂を多量に含んだ混濁流が深海の窪地に溜まる時に、粒子の大きい粒が先に沈み、粒子の細かい粒がゆっくり沈んで砂と泥の層が生まれる。それを繰り返して堆積した砂岩泥岩互層が、地殻変動で傾斜して地上に現れ風化しやすい泥岩が凹んでこのような縞模様になっているのだ。城ヶ崎展望台から階段で下りると波食棚を歩くことができ、潮だまりは生き物の絶好の観察ポイントでもある。

都市部でもかつての海食崖や波食棚の痕跡を見つけることができる。上町台地の西側にある生国魂神社から住吉大社の辺りまで続く崖線や千里丘陵の南部に続

**上町台地の海食崖の痕跡**
縄文時代には波が上町台地の西側を削って後退させていったと考えられる。

く崖線は、縄文海進の時代に形成された海食崖だと考えられている。生国魂神社の本殿の背後には約18メートルの急崖がある。この崖はここからまっすぐ南の方へ、約6キロメートル先の住吉大社まで続いている。最も高い場所は生国魂神社があるあたりで、段々と低くなっていき住吉大社の境内の南端でなくなる。その先にはかつて住吉津と呼ばれる港があったのだ。元々上町台地は上町断層の運動によって隆起した場所である。東西からの圧縮の力が加わり、断層を境として下盤の上に上盤がずり上げる逆断層になっているのだ。上町断層は生国魂神社から約３００メートルほど西に行った地下深くにあると想定されており、かつての崖はもう少し西側にあったと思われる。約６０００年前に起こった縄文海進では、海水面が現在よりも数メートル上昇し上町台地は半島のような陸地になったと考えられる。その時に西側の崖が外海に削られ海食崖となり浸食作用によって東側へ少しずつ後退していったと想定できるのだ。生国魂神社の崖下には寺町が崖に沿って形成されており、その前を松屋町筋が通ってい

**千里丘陵の海食崖跡**
縄文時代はこの辺りが汀線であったと考えられている。

る。それらは平らな地形だが、縄文海進の時に波食棚であったと考えられる。同じような場所が千里丘陵の南端部にある。１０５頁の天井川の地形図を参照していただくと東西に崖線がはっきりと確認できる。この崖も縄文海進の時に形成された海食崖と考えられるのだ。かつてこの地域が海だった頃の風景を妄想しながら歩くのも地形散歩の楽しみ方である。地形図や地質図を利用しながら、都市の中で海食崖や波食棚の痕跡を探してみてはいかがだろうか。

**須磨の海成段丘面**

手前の平らな高台と同じ面が山の裾野に沿って向こうの方まで続いている。この平らな面が海成段丘面である。

## 海成段丘──海岸線の平坦面を疑え

海成段丘とは『地形学辞典』によると、過去の海面に関連してできた海成の平坦面が不連続的に離水して、海岸線に沿って階段状に分布する地形。平坦な段丘面内縁は旧汀線で、背後の段丘崖は旧海食崖に当たる。海岸段丘ともいうが、成因を考慮すると海成段丘のほうが適当である。地形として残っている海成段丘は、大部分が第四紀中期以降に形成されており、この時代の古地理の推移、地殻変動の様式・量を知るための情報源である。日本列島の海岸線は多数の海成段丘で縁取られているが、とくに顕著な段丘面は、下末吉海進と縄文（有楽町）海進による面である。それらの発達史と、放射年代とから、前者は12～13万年前の最終間氷期、後者は約6000年前の後氷期の海進に対比されることが明らかとなった。

都市部にも海成段丘を見つけることができる。神奈川県の下末吉台地は、都市部の代表的な海成段丘である。関東では下末吉面と呼ばれる平坦な土地は、12～

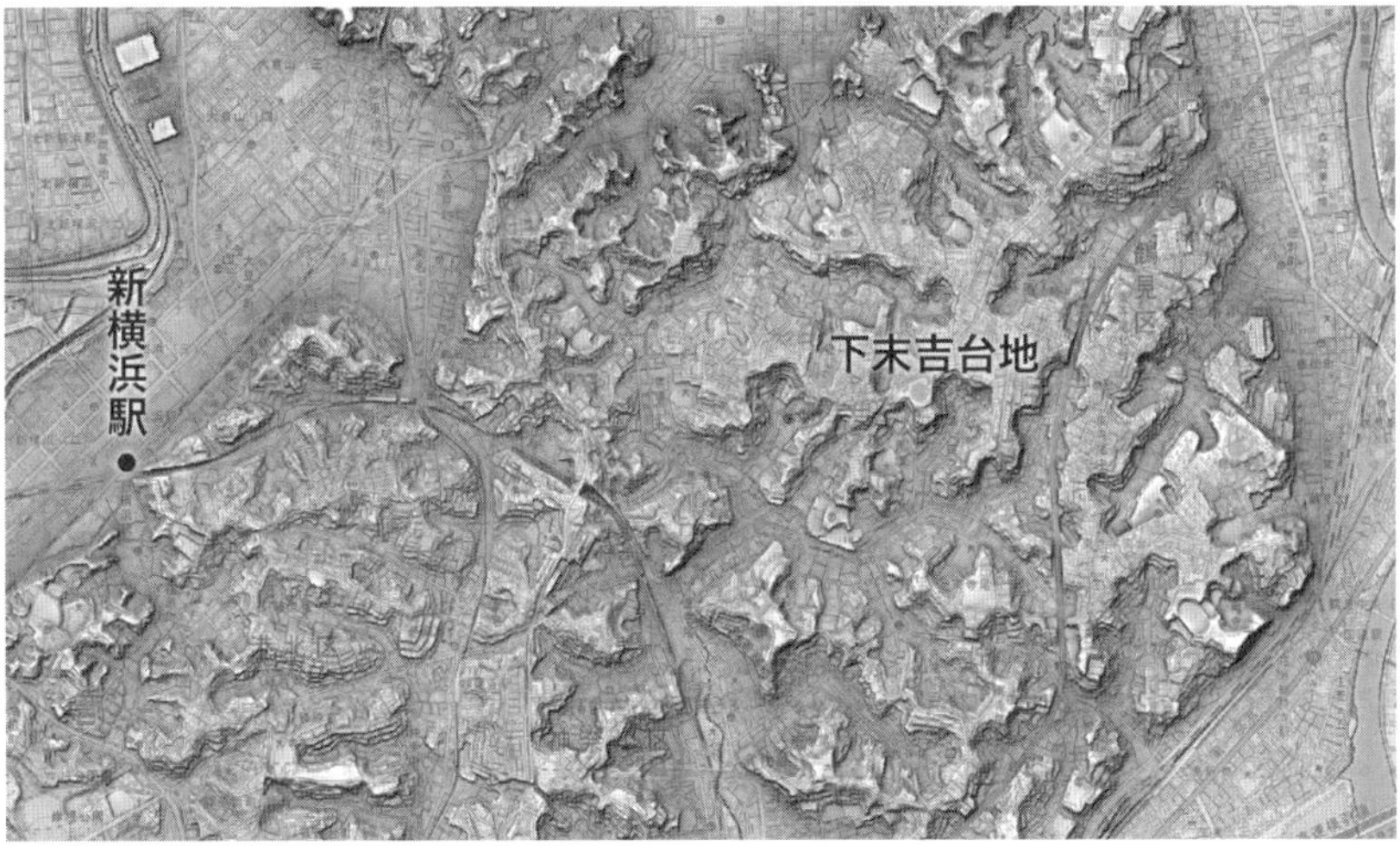


下末吉台地
浸食・開析が進み平坦な面が少なくなった様子がわかる。

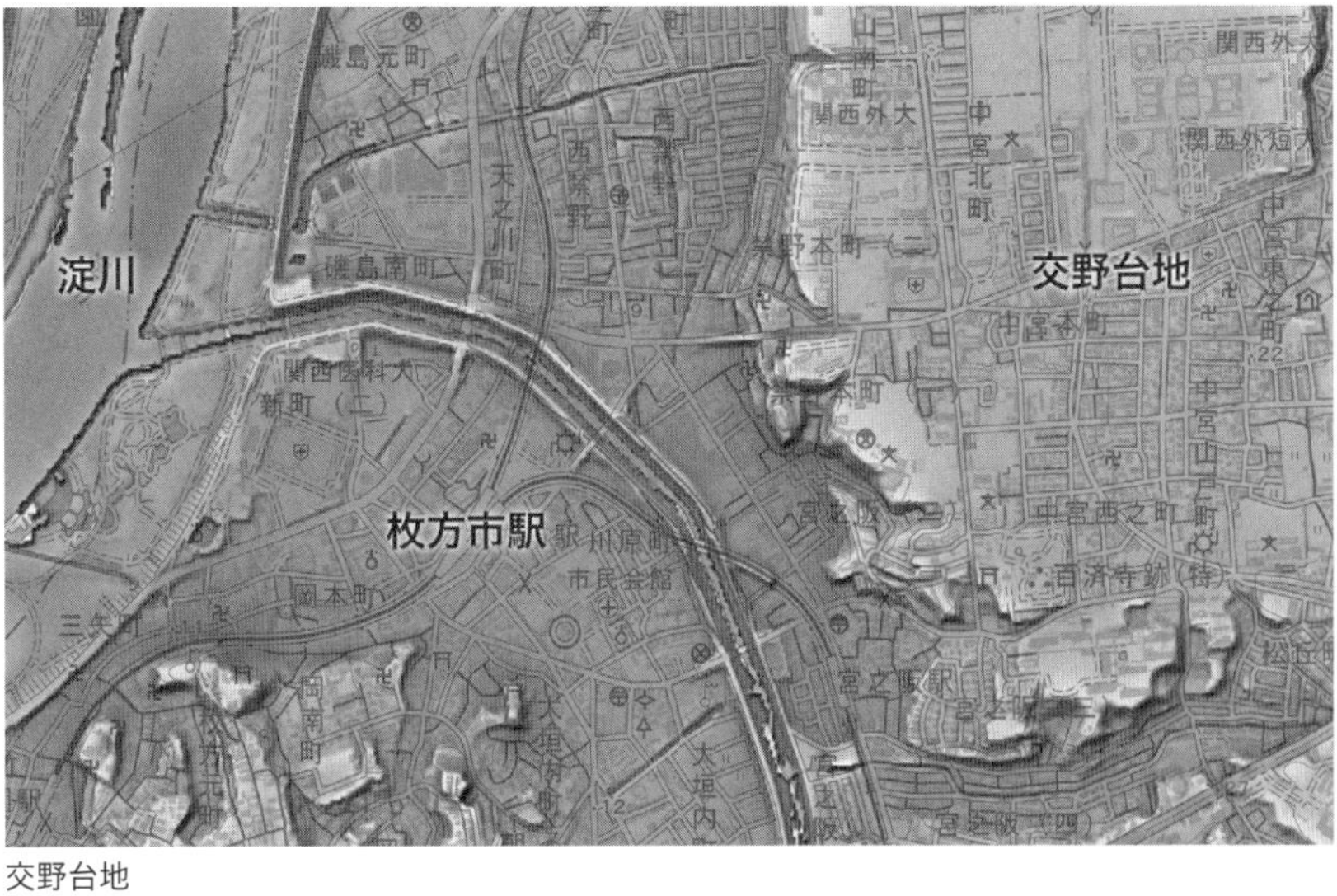


交野台地
海成段丘面には明治期に弾薬庫がつくられ、高台の平坦面で集落から離れていたこともあり軍事施設が拡大していった。

**須磨の海成段丘**
海退と隆起によって水面下から現れた段丘面はその後の侵食作用により深い谷が形成された。

13万年前の下末吉海進時は遠浅の平坦な海底面であった。その後の海退と河川や風雨などの侵食・開析が進んだ結果、複雑な地形の中に段丘面が分散して残っているのだ。地形図の右上部のあたりが下末吉地域である。この地域の地層を調査した結果、12～13万年前の海進によって段丘面がつくられたことがわかりその名がつけられたのだ。右端の崖は縄文海進の海岸線と考えられ、その時につくられた海食崖であると思われる。

海から離れた場所にも海成段丘が残っていることがある。京都と大阪の中間に位置する枚方市にある交野台地は、標高20～50メートルで南東から北西に緩傾斜した海成段丘だ。下末吉台地と同じく12～13万年前の下末吉海進の時に内陸部まで海水が侵入し平坦な海底面がつくられたのだろう。明治時代は段丘面上に人家が少なかったこともあり、陸軍によって禁野火薬庫が1897（明治30）年に設置された。その後も敷地を拡大していき1945（昭和20）年の終戦時には広大な火薬・弾丸庫と、陸軍造兵廠が隣接する大軍需工場地帯が段丘上に広がっていたのだ。

**安徳帝内裏跡伝説地**
海成段丘上にある一の谷の古戦場跡ともいわれる。

神戸市須磨区一ノ谷町は標高約50メートルの高さに平坦な海成段丘面がある。下末吉海進時に波の侵食で平らになった海底が六甲変動によって隆起したと考えられるのだ。背後にある鉢伏山南麓には幾筋かの谷があり、東から一ノ谷、二ノ谷、三ノ谷と古くから呼ばれている。この辺りは源平合戦の古戦場跡で一ノ谷の戦いが行われた場所と言われている。中でも源義経が平家に奇襲をかけた鵯越の逆落としは有名な話で、平家の陣を目掛けて山上から馬で駆け下りたといわれる場所だ。一ノ谷と二ノ谷の間にある段丘面には悲劇の幼帝といわれた安徳帝内裏跡伝説地がある。段丘面は要害池として戦にも利用しやすかったのであろう。

　海岸線に平らな土地を見つけたら海成段丘を疑ってみよう。そういう視点で海岸線を歩くとかつての海岸線が見えてくるかもしれない。

**背後の山から見た須磨海岸**
かつては沖の方まで白い砂浜が広がっていたが、現在は人工的に砂を入れて砂浜を維持している。

## 砂浜海岸——町の安心と引き換えになくなっていくもの

砂浜海岸は、おもに流入河川が運び入れたり、海食崖や隣接海岸の侵食で生じた砂礫などが、沿岸の波や流れによって運搬され、波の動きで打ち上げられて堆積してできた海岸で、平面形は海に向かって緩やかに凹面を向けた弧状となる場合が普通である。

関西を代表する海水浴場である須磨海岸は、日本の渚百選に選ばれるなど白い砂浜と青い松林が美しい海岸として知られている。砂浜に立ってまず目に止まるのは、白い砂浜と沖に見える離岸堤、さらに海岸と直行方向に沖合に向けて設けられている複数の突堤だろう。

これらの設備は砂浜の流出を食いとめるだけでなく、突堤と突堤との間には砂を蓄えて逃げにくくし砂浜を広げる効果がある。また、離岸堤には波を打ち消したり波の勢いを弱めたりするだけでなく砂浜との間に砂をためる効果があるのだ。

須磨海岸の浸食による砂浜の減少が早くから課題と

**色とりどりの小石が敷き詰められた五色浜**
白・赤・黄色・緑・茶・黒・灰色など波に洗われて宝石のように鮮やか色を発している。

なっており、昭和30年代から様々な対策が行われてきた。浸食の原因は背後にある六甲山系の治山や治水工事の影響と海岸の整備などによる漂砂の減少だと考えられる。漂砂とは流れや波によって運搬される砂のことで、須磨海岸では砂浜を維持するために人工的に砂を入れているのだ。治水対策によって人が安心して暮らせるようになった結果、美しい砂浜がなくなるという現象が起こったのである。

日本中の砂浜でも同じように砂浜がやせ細る現象が起こっている。その原因は人為的要因や自然的要因など様々であるが、流出する砂の量に比べて供給される砂の量が少ないことが原因であり、上記のような対策が行われているのだ。須磨海岸の砂浜幅は60〜70メートルもあったといわれているが、かつては明石川をはじめ塩谷川や妙法寺川、湊川などから花崗岩質のマサ土などが大量に流出して砂浜を形成していたのであろう。

須磨海岸の沖に見える淡路島の五色浜は砂ではなく色とりどりのカラフルな小石が敷き詰められた礫浜で

**五色浜の背後にある砂礫層の崖**
結晶片岩やチャート、砂岩や泥岩、花崗岩など様々な礫が含まれた地層である。

ある。『淡路国名所図会』では、五色浜で子供が石を拾っているシーンが描かれ、旅人は小石を拾って家の土産にしていたと書かれている。現在は、海岸線に道路が整備され、海岸までは数メートルの階段を下りていかないと辿り着けないが、波打ち際には、宝石のように輝くきれいな小石が敷き詰められている。道路をはさんだ背後には崖が迫っているが、様々な色の小石が混ざった礫層で、その崖が崩れて海に流れ、波に揺られながらきれいな小石が敷き詰められた海岸になったのであろう。道路ができてからは崖の土砂が海に流れにくくなり五色浜も痩せほそっている。砂浜や礫浜など美しい景観は、人が暮らす町の環境変化に伴って変化している。治水対策をすればするほど美しい海岸線は消滅していく相互関係にあることを、まずは知ることが大切であると思うのだ。

第6章

# 「火山」由来の地形

**節理とコアストーン（玉石）**
摂理に沿って角が丸くなったコアストーンが積み重なったようになっている。風化したマサ土は流されこのような姿になる。

## 花崗岩——自然が作り出した不思議な岩の形

第3章の「バッドランド」でマサ化について触れたが、もう少し詳しく花崗岩について解説をしておきたい。

マグマが地下深い場所でゆっくりと冷やされてできた岩石を深成岩といい、マグマの主成分である二酸化ケイ素（$SiO_2$）の量が少ないものから順に斑レイ岩、閃緑岩、花崗岩等に分けられる。その中でも、国土の約12％の面積を占めるほど広く分布する岩石が花崗岩である。

花崗岩は、建物の建材や墓石としても古くから利用されており、「御影石」とも呼ばれるので馴染みのある岩石であろう。拡大して見ると、黒い粒や透明感のある粒、白い粒や淡いピンク色の粒などいくつもの鉱物の集合体であることがわかる。それらは黒雲母や石英、斜長石、カリ長石など色や性質が違う鉱物だ。

例えば、黒雲母は薄くてはがれやすい性質があり、長石は水と反応すると粘土に変わる性質がある。石英

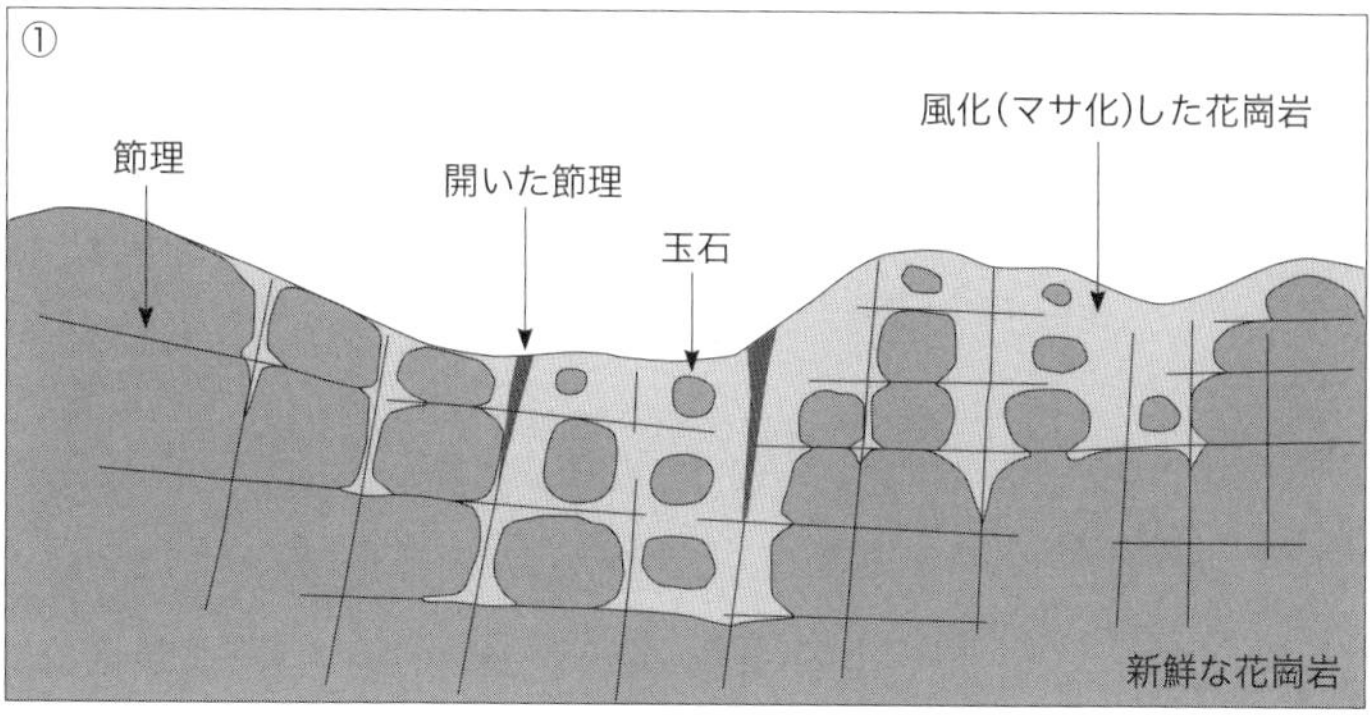


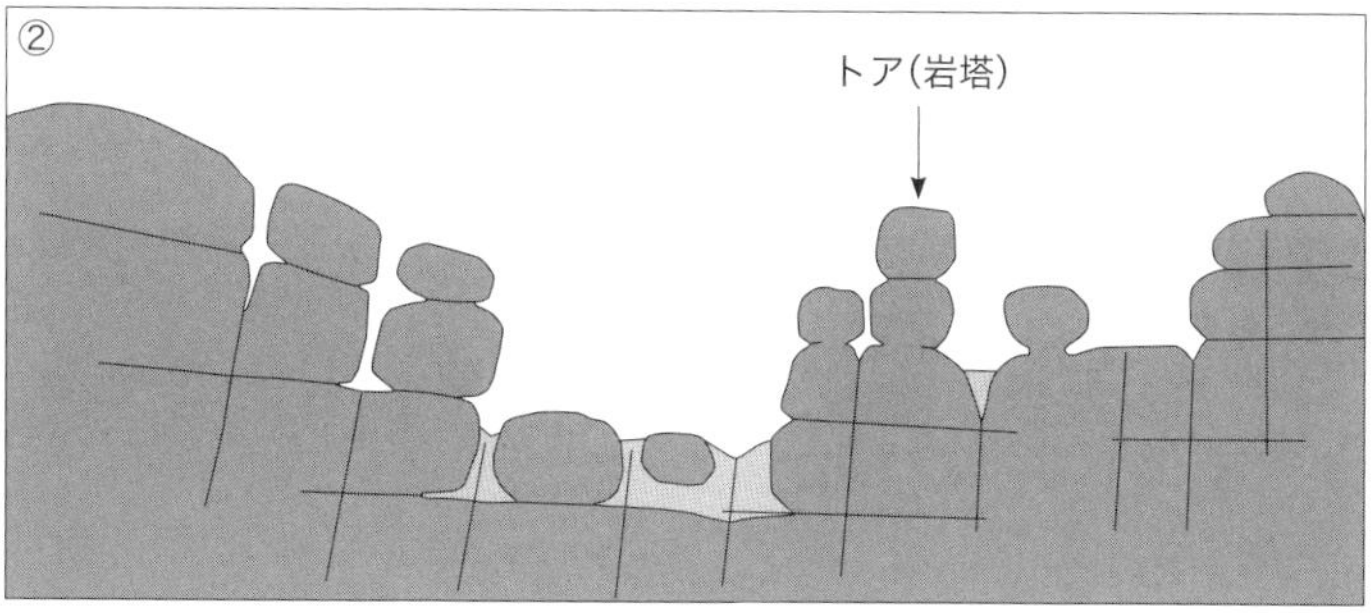


**花崗岩の風化**

節理に沿ってマサ化した部分は雨などに流され、硬いコアストーン（玉石）だけが残ることで、角の丸い巨石が花崗岩質の山地には多いのである。

はガラスの原料となる鉱物でバラバラだ。花崗岩は、地下深くから地上に上昇していくうちに節理と呼ばれる亀裂が発達する。マグマが冷えて固まる際にできるものや、地下深くから上昇していく中で、岩盤圧力から解放される際にできるものなど様々だが、その亀裂に地下水などがしみこむと、気温の変動により水の凍結と融解による膨張と収縮が起こり、岩自体も膨張と収縮を繰り返す。すると膨張率の異なる鉱物の間にはやがて隙間ができてバラバラになっていくのだ。その時にできる粒をマサ（真砂）といい、粒状化していく風化作用をマサ化という。

六甲山地や生駒山地は花崗岩質で構成されているが、地表には角の丸い巨石が点在している。このような

**生駒山地の交野山山頂にある観音岩**
古くから信仰の対象となっていた巨石である。

巨石は、節理とマサ化によって形成されているのである。これは、花崗岩の節理に割れ目に沿って風化が進んでマサ化した部分が雨などで流され、風化していない中心部がコアストーン（玉石）として残っているのだ。

上記の写真は生駒山系の交野山の山頂である。標高341メートルの山頂にある花崗岩の巨石群は観音岩と呼ばれて古代から信仰の対象となっていた磐座《いわくら》でもある。磐座とは、日本に古くからある自然崇拝信仰の一種で、神社の形式がなかった古代から神が降臨する場所として祭祀が行われていた岩などのことである。崖に迫り出した巨石の上に上ると眼下に絶景が広がる。交野山の近くに星田妙見宮という神社があるが、この神社の御神体は妙見山の頂上にある花崗岩の巨石だ。古くから七夕伝説が残る地域であるため地元では織女石《たなばたせき》と呼ばれている。

さらにそれらの中間に位置する獅子窟寺には、花崗岩の巨石の隙間にできた岩窟で弘法大師空海が修行をしたと伝わっている。花崗岩は古くから信仰と深く関

**アプライト（岩脈）が入った花崗岩のコアストーン（玉石）**
アプライト の帯が地面を通って続いている様子が観察できる。

わってきた岩石でもあるのだ。

花崗岩をよく観察すると、ゴツゴツした花崗岩とは違いつるつるした岩石が帯状に挟まっていることがある。これはアプライトといわれる岩石で、マグマが冷えて固まった後の割れ目にマグマ成分が貫入した岩脈である。岩脈を見つけたら周囲を見渡してほしい。そのラインが続いているかもしれない。このように花崗岩は、身近にある岩石だが様々な観察ポイントがあるので、現地に足を運んでフィールドワークしてみてはいかがだろうか。

仏性ヶ原展望台から見た甲山

## 安山岩・サヌカイト——火山噴火の恵み

マグマが地表および地表付近で急激に冷やされてできた岩石を火山岩といい、マグマの主成分である二酸化ケイ素（$SiO_2$）の量が少ないものから順に玄武岩、安山岩、流紋岩等に分けられる。安山岩は、関西エリアでは西宮市の甲山や奈良県の二上山、若草山などで見ることができる。

甲山は、茶碗を伏せたようなきれいな形をした山だが火山ではなく、約1200万年前に花崗岩の隙間からマグマが噴き出し、流れだして固まり、長い年月をかけて風雨などによって浸食した地形である。マグマの噴出したときの通り道（火道）のみが侵食に耐えて残丘として残っているのだ。六甲変動によって隆起する前は、古瀬戸内湖や海に浮かぶ島となり波食などで浸食されたこともあり、大阪層群の礫層などが分布するエリアでもある。甲山の中腹にある西宮市立甲山自然の家の敷地には、マグマが花崗岩の中を上昇する時に花崗岩を取り込んで上昇した時の痕跡である捕獲岩

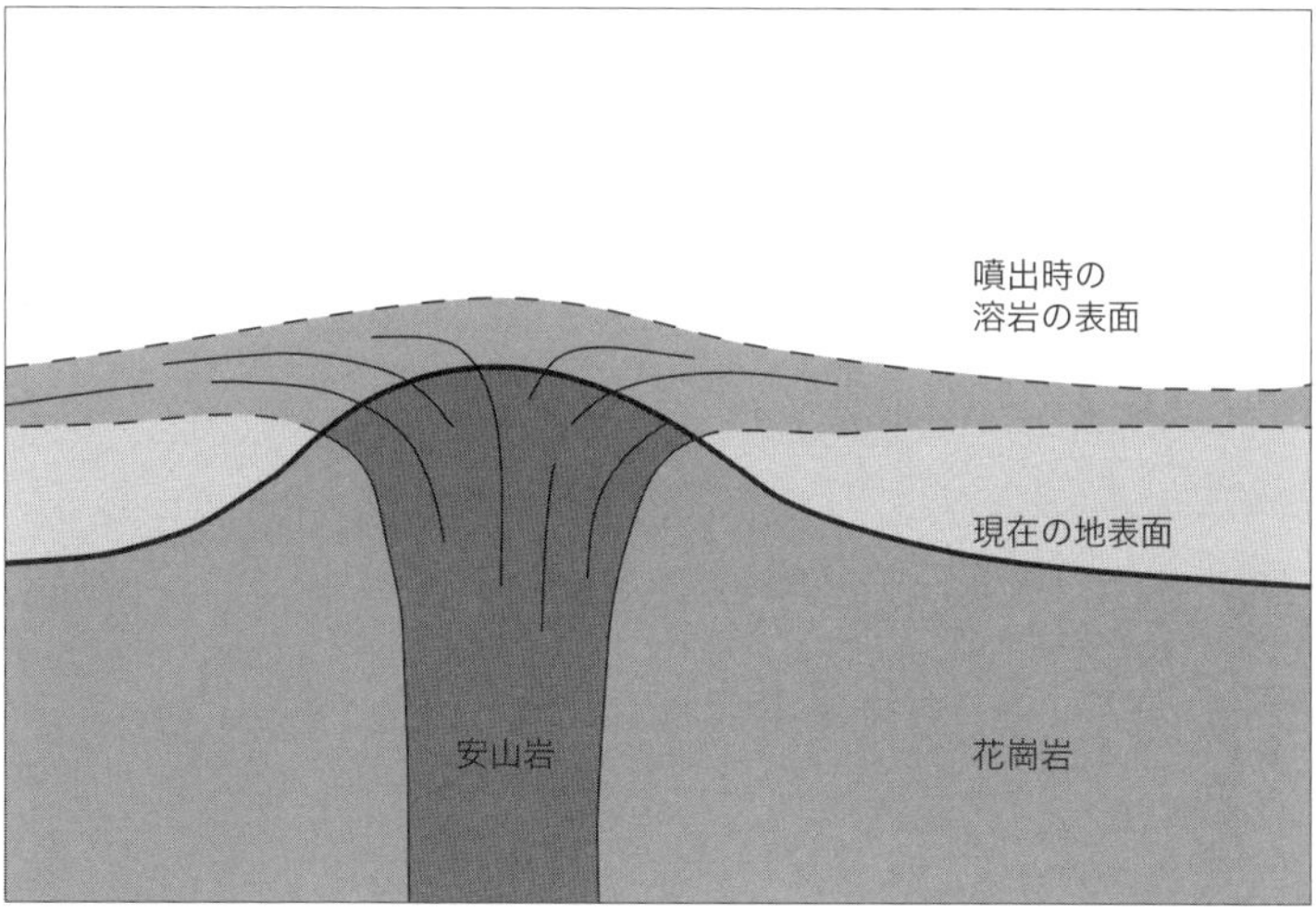


**甲山の断面図**
溶岩が流れ出して固まった大部分は侵食によってなくなってしまい、火山の火道部分が残っている状態になっている。

が展示してある。そこから登山道を進むと降雨によって削られた溝があるが、ガリ侵食とも呼ばれるその中に入り側面を見ると丸い小石が詰まった礫層になっており、チャートなど様々な色の小石がびっしり詰まっている。これは大阪層群の地層で、河川などから流れてきたものだろう。そこから少し上ると花崗岩質に変わる。花崗岩が風化しマサ化が進んだ斜面を上っていくと今度は地質が安山岩に変わっていくのだ。甲山のなりたちに繋がる痕跡が随所に残っているのが甲山の魅力でもある。

二上山付近は、安山岩の一種で四国の五色台や金山など一部のエリアでしか産出されないサヌカイトが分布するエリアである。サヌカイトは、ガラス質で打ち欠くと二枚貝の貝殻状に割れて縁に鋭利な刃ができることから打製石器の原材料として利用されてきた。

二上山麓には約2万年前の後期旧石器時代の遺物が多く発見されており、旧石器時代から縄文時代や弥生時代までサヌカイトが継続的に採取されていたようだ。ナイフ型の石器や矢じりとしての石鏃、木の伐採など

**安山岩と花崗岩が一体となった捕獲岩**
上部が安山岩で下部が花崗岩になっており、1200万年前に噴火したことの証である。

をするための石斧など様々な用途で利用され、古代人のネットワークにより近畿圏を中心に広く伝わっていったようである。石器は鉄が普及するまでの主要な武器としても利用されたが、弥生時代はムラとムラとの争いが起きはじめた戦乱の時代ともいわれており、サヌカイトはその争いの武器としても使用されていたのだろう。

奈良の伝統行事として若草山焼きで有名な若草山も安山岩で構成されている山である。といっても若草山は火山ではなく、地表を覆っていた溶岩が固まった安山岩の層が、奈良坂撓曲《とうきょく》と呼ばれる断層を境に東側がもちあがって山になっているのだ。同じ安山岩でも様々な景観があり、都市の近くでもかつての火山地帯の痕跡としてしっかり残っているのだ。

**ガリ侵食の側面にある大阪層群の礫層**
様々な色や種類の角の丸い小石がびっしりとつまっており礫浜だった場所かもしれない。

**マサ化が進んだ花崗岩質の山肌**
花崗岩は風化が進むとざらざらの粒の塊のような地質になり、雨水などで流されこのような雨裂が刻まれる。ガリあるいはガリー、ガリ侵食ともいう。

**鶴峯荘第 1 地点遺跡土坑 2 ジオラマ（二上山博物館）**

鶴峯荘第 1 地点遺跡は後期旧石器時代のもので、土坑から 7000 点をこえるサヌカイト製石器が出土しており、土坑の形状や様々な状況からサヌカイト礫の採掘坑と考えられる。日本列島では最古にして唯一の石材採掘坑と考えられているのだ。

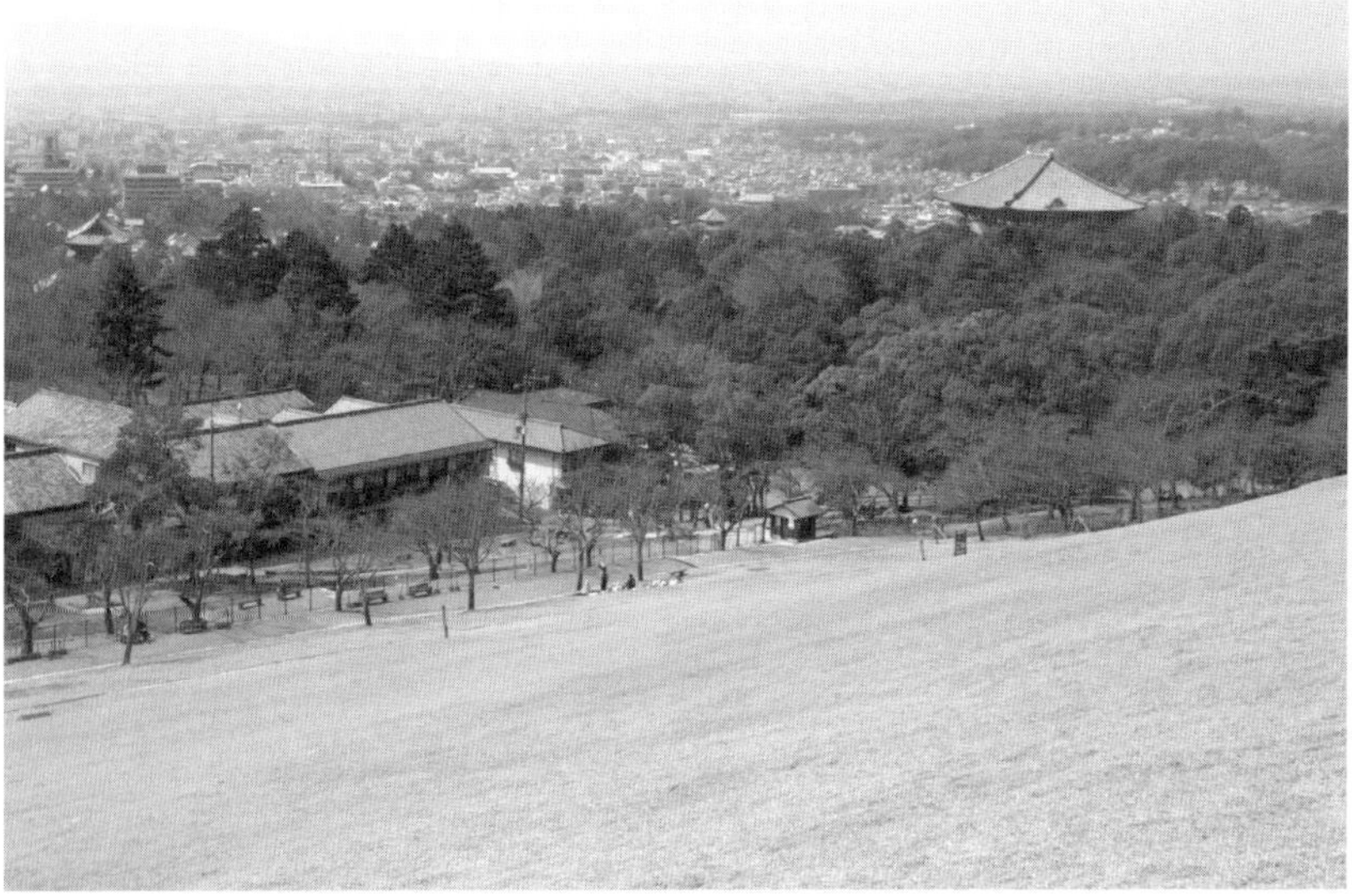

**若草山から東大寺を望む**

安山岩が断層によって持ち上がった状態になっている。

**屯鶴峯**
火山灰が層状に堆積している状態が観察できるだけでなく隠れた絶景ポイントでもある。一度は訪れて欲しいフィールドだ。

## 凝灰岩——古代人の創作意欲をくすぐる石材

凝灰岩とはその名が示す通り、火山灰が固まり凝固した岩石のことである。凝灰岩は、他の岩石と比べて加工がしやすいため、古代から古墳をつくる石材として利用され、6世紀頃になると精度の高い細工を施した家形石棺や石槨などにも利用された。

大阪近郊にある二上山の北麓には、凝灰岩が広範囲に堆積する屯鶴峯《どんずるぼう》という変わった名前の奇勝地がある。「鶴が屯《たむ》ろ」しているように見えるという意で「屯鶴峯」と呼ばれるようになったそうだ。

今から千数百万年前に二上山で大規模な火山活動があり、周辺には火砕流や火山灰などが水底に堆積し、その後地殻変動によって隆起し浸食が進んだ場所である。木々に覆われた中に、突如として真っ白で何層もの地層になった凝灰岩層が露出している。昔の人が鶴に見えたというのもわからないでもない気がする。

二上山の南麓では凝灰岩を利用して日本では珍しい古代の石窟寺院の痕跡が残っている。官道1号線とも

**鹿谷寺跡の十三重層塔と石窟**
十三重層塔は地山を掘り残して造作しており塔の高さは約5m、石窟内には線刻の三尊仏坐像が彫りこまれている。奈良時代頃につくられた大陸風の石窟寺院だが詳しくわかっていない。

いわれる竹内街道から二上山の雌岳を少し登った場所に、8世紀頃の石窟寺院跡とされる鹿谷寺跡《ろくたんじ》がある。まわりを凝灰岩に囲まれた平坦地の奥に十三重層塔と浅い石窟に三尊座像が刻まれているが、塔は風化が著しいものの、建てたものではなく凝灰岩を掘り残してつくられており、1000年以上も倒れることなくそびえ立っている。

そこから東に谷沿いの道を上って行くと岩屋と呼ばれる別の石窟寺院跡がある。凝灰岩の崖地に開口する大小2基の石窟があり、大石窟の中央には3層の多層塔が立つ。石塔台座下部には湧水を溜める小坑があり、石窟は木造の覆屋があったようだ。先ほどの竹内街道は飛鳥京と難波を結んでいた官道であり、大陸からの使者も通ったであろう道。インド、中央アジア、中国などでは同時代に石窟寺院が各地につくられたが、日本では発達しなかった寺院形式だけに仏教が我が国に浸透していく過程において重要な役割を担っていた寺院跡である。

トンネルなどが掘りやすいこともあり、太平洋戦争

**岩屋の大小２基の石窟と三重塔**
日本には数少ない石窟寺院の痕跡である。奈良時代につくられたと思われるが、文献にも残っておらず謎の多い寺跡である。

末期には陸軍により延長2キロメートルにも及ぶ網の目状の防空壕が掘削されている。最後の抵抗の拠点とすべく航空総軍戦闘指令所などの軍事施設ができる予定であったが、完成を待たずに敗戦を迎えた。トンネル内は危険なため内部には入れないが、その一部を利用して京都大学防災研究所・地震予知研究センターの観測所が設置されている。フィリピン海プレートの沈み込みによる地震などの観測をしているようだ。

美しいシルエットの二上山は、遠くからでもひと目でそれとわかる姿は古代からランドマークとして存在していたと思われる。しかも、凝灰岩やサヌカイトなど特殊な岩石が採れる山として古代人に認知されていたのだろう。地形歩きには絶好のフィールドである。

陸軍が掘削した防空壕跡
屯鶴峯から尾根づたいに歩き途中で山道を降っていくため分かりにくい場所にある。人里離れた場所に残る貴重な戦争遺構だ。

奈良盆地側から見た二上山
千数百万年前に起こった火山活動は断続的に続き約1000万年前頃に終息したと考えられている。周辺の地質は溶岩や火砕流堆積物などで形成され、風化と浸食によって今の姿になっている。

**青龍洞の柱状節理**
周辺の岩石は、江戸時代から採石場として開発されており、その中心的な存在として最も大きな玄武洞と摂理の美しい青龍洞は国の天然記念物となっている。

## 玄武岩・柱状節理 ——自然の摂理に沿ったハニカム構造の神秘

玄武岩は地表に流れ出たマグマが急速に固まったもののうち二酸化ケイ素（$SiO_2$）が最も少ない岩石とされ、その名前の由来は、兵庫県豊岡市にある天然記念物「玄武洞」に由来する。玄武洞とは、広範囲に柱状節理の景観が点在する場所で、玄武洞の他に北朱雀洞、南朱雀洞、白虎洞、青龍洞など5つの洞が離れて並んでいる。縦横斜め方向に伸びた節理が美しくもあり、どこかおどろおどろしさも感じる独特の景観を生み出しているのだ。玄武という名は、中国の妖獣「玄武」からきており、1807（文化4）年にこの地を訪れた江戸時代後期の儒学者・柴野栗山が柱状節理の景観を見て命名したという。

柱状節理は熱い溶岩が固まり、冷えていく過程で岩石が収縮してできたもので、溶岩の表面から中心部に向かって伸びている。その時に割れ目が均質に六角形になるのである。蜂の巣のハニカム構造や雪の結晶も六角形だが、これらは最小限のエネルギーで最大の効

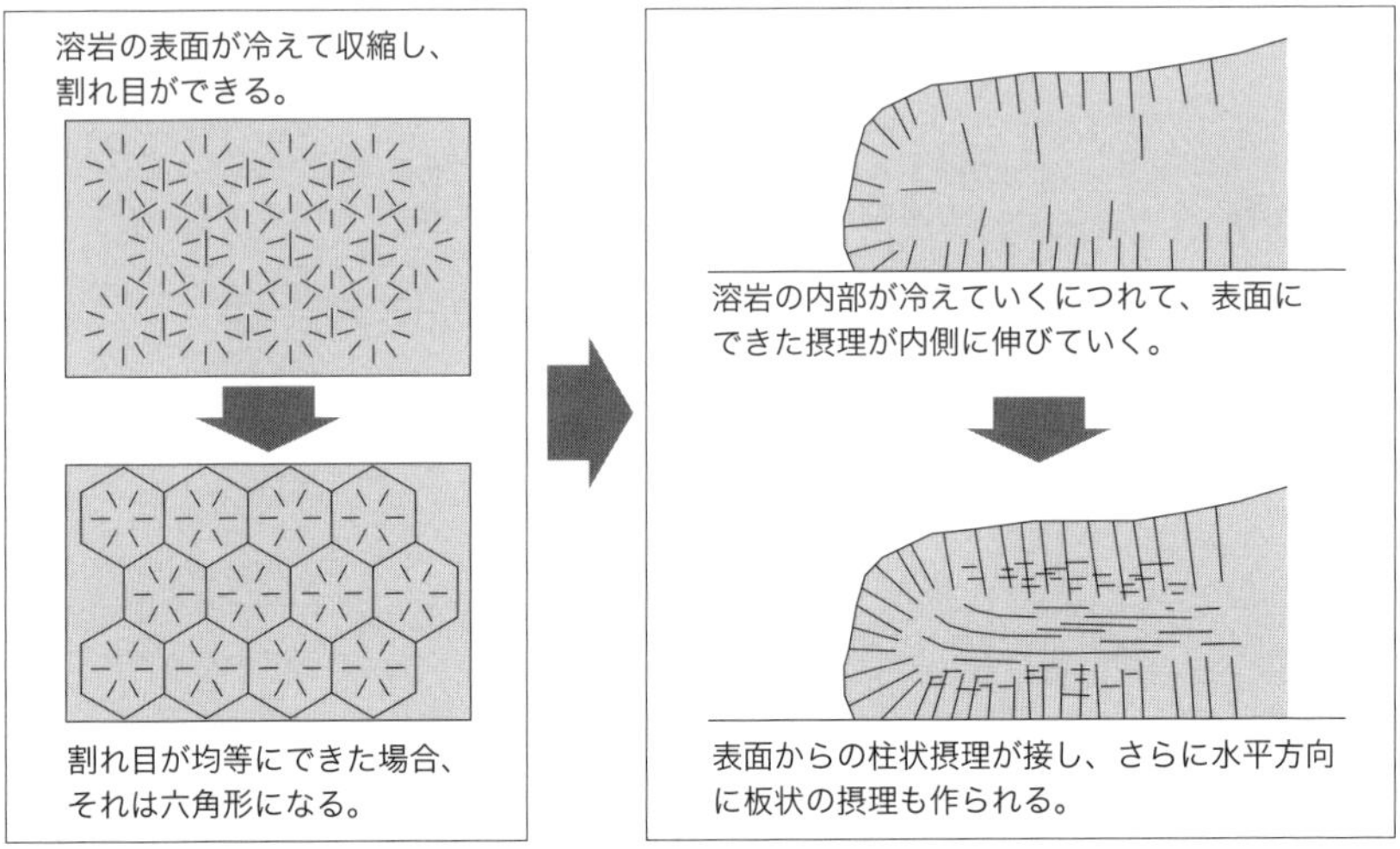
溶岩の表面が冷えて収縮し、
割れ目ができる。
割れ目が均等にできた場合、
それは六角形になる。
溶岩の内部が冷えていくにつれて、表面に
できた摂理が内側に伸びていく。
表面からの柱状摂理が接し、さらに水平方向
に板状の摂理も作られる。

**柱状節理のでき方**

溶岩の表面が冷えて収縮し割れ目ができ、割れ目が均質にできた場合は六角形になる。溶岩の内部が冷えていくにつれて、表面の摂理が内側に伸びていき、表面からの柱状節理が接し、さらに水平方向に板状の摂理も作られる。

果をあげる原理が働いているといわれるが、柱状節理の六角形もそのような原理なのかもしれない。

さて、この玄武洞は地球の「地磁気逆転」の現象を発見した場所でもある。溶岩は固まる時に地上の磁石の動きを記憶するというが、京都帝国大学教授であった松山基範博士は、１９２６（大正15）年に玄武洞の岩石から北極が南に近い方向にあることを見出し、各地を調査して地磁気逆転を発見したのである。

玄武洞の石は、規則正しい割目があることで石材に適しており、江戸時代から採石場として開発されて家の石垣や庭石、漬物石などに使用されていた。１９２５（大正14）年に発生した北但馬地震（北但大地震）は、近くにある城崎温泉を壊滅状態にし、玄武洞も大規模な崩落が起きたようだ。しかし、目の前を流れる円山川を利用して舟で石材を城崎温泉の復興に利用し、現在も町を流れる大谿川《おおたにがわ》の護岸に当時の石材が残っている。

**規則正しく並ぶ六角形の断面**

玄武洞の付近の花山噴火の溶岩は 160 万年前頃といわれ、かなり広い範囲を溶岩が覆った火山活動だったようだ。

**小倉の玄武岩**

福知山市にある「やくの玄武岩公園」の柱状節理は、30 〜 40 万年前に宝山の火山噴火によって流出した溶岩が固まったものだという。

石ころコラム

# 無限に跳ねる水切りの石を探せ

**沼島の上立神岩**
矛先のような形をした沼島のシンボルで国生み神話の天の御柱ともいわれる。

**片岩の礫浜**
岩場は結晶片岩で構成されており、波打ち際には薄い片岩の石がたくさん打ち上げられている。

水切りという遊びがあります。石を水面で跳ねさせて遠くへ飛ばす遊び、皆さんも河原などでやったことがあるのではないでしょうか。世の中には水切りの名人といわれている方もいらっしゃいます。その方の解説によると、投げ方も大事なのですがやはり石選びが大切で、いくつかのポイントを挙げておられました。石は上から見ると正円や三角おむすび形など均整のとれた形で、断面も下面は平らなものが良いそうです。そのような石を河原で探すのはかなり大変ですが、とっておきな場所があることを思い出しました。その場所は淡路島の沖にある沼島。この島の特徴は、地質が三波川変成帯に属しており、緑色片岩や泥質片岩などで構成されています。片岩というのは、地下の深い所で大きな力を受けて変形を伴いながら変成され、シート状の構造を持った岩石で薄板状に割れる性質を持っています。国作り神話で有名な上立神岩《かみたてがみいわ》は、薄板状に割れて鋭い矛の形になっているのです。沼島の海岸では、薄く剥がれた片岩が波に揺られて角が丸くなっています。見渡す限り薄っぺらい石ばかり。きっとこの中に理想の水切りの石があるのではないでしょうか。

# 第7章

# 「地形」と人の暮らし

**西国街道の町並み**
緩やかなカーブを描きながらもまっすぐ道は続いていく。そこから生まれる景観はなぜか人の心を落ち着かせてくれるような気がするのだ。

## 古道・旧道・街道（上）——くねくね道は自然の曲線

古くからある道を古道や旧道、街道などと呼ぶが、古代・中世の頃から続く道を古道、昔からある道に並行して新しい道ができた時の古い道や、集落と集落を結んでいた名もない道などを旧道、主要な町と町を結ぶ官道を街道と呼ぶことが多い。それら古い道は、地形に沿って整備されることが多いためくねくねと蛇行しながら続いていく。その曲線が近代の道路とは違い、歩いているとなぜか心が落ち着く。道の先が見通せないことで、町並みや緑が多く感じるためかもしれない。

日本で最初に国家が整備した道は、飛鳥時代に難波と飛鳥を結んだ道といわれている。

『日本書紀』の推古天皇21（613）年11月条に「難波より京に至る大道を置く」とあり、飛鳥と難波を繋ぐ主要官道であった。難波宮から直線で南下し、長尾街道・竹内街道のいずれかの東西道に接続していたと考えられており、それらは大津道・丹比道と呼ばれた古道で飛鳥京から大阪湾方面に続いていた。正確な起

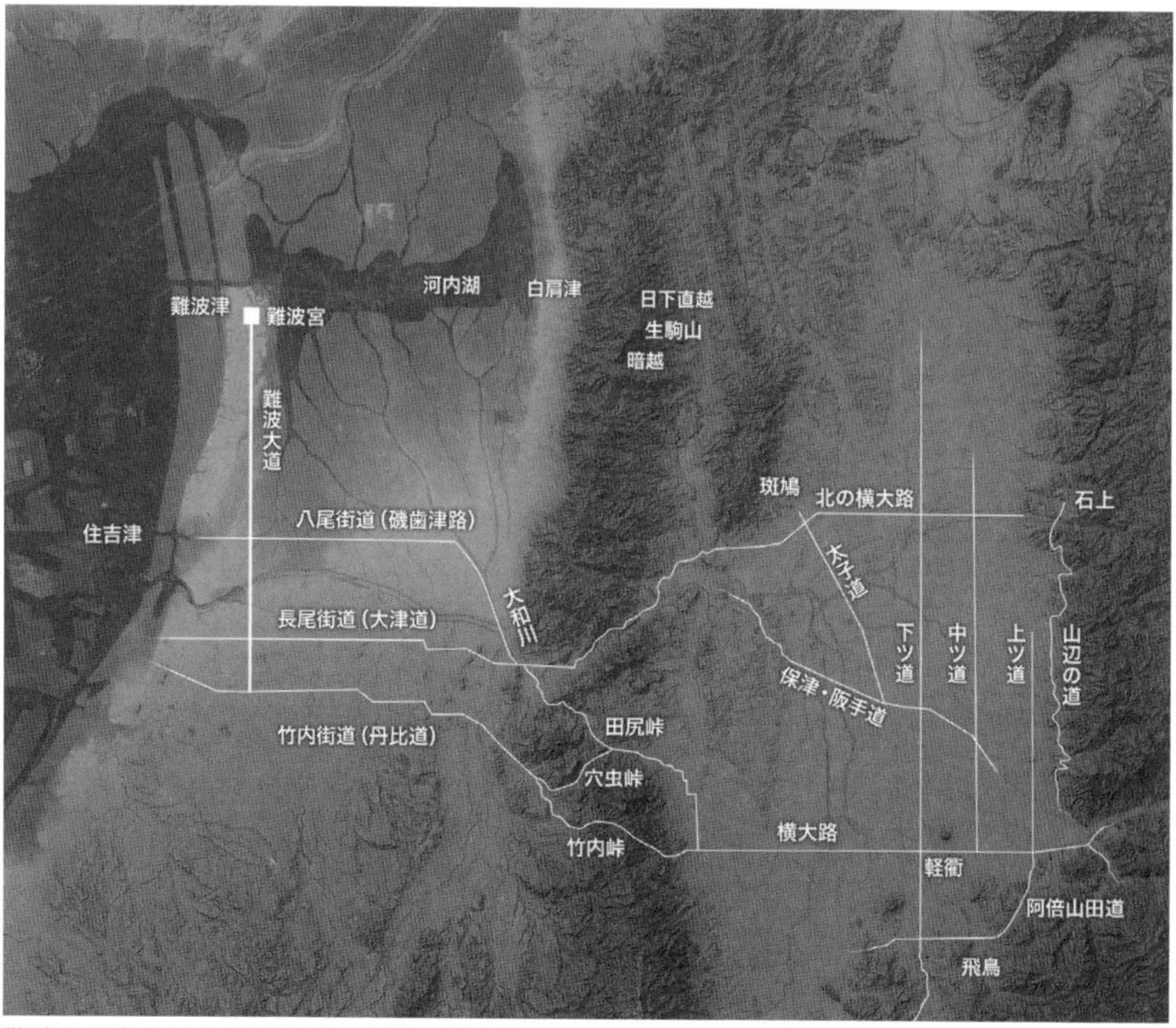


難波と飛鳥を結ぶ７世紀頃の古道の想定図

古道コラム

## 古道の中の古道

難波大道は難波宮からまっすぐ南下し、丹比道を東へ進んで飛鳥とつながっていた。これが日本で最初の官道で、丹比道は現在の竹内街道と推定されている。河内平野には大津道や磯歯津路《しはつみち》も難波と奈良を結んでいた。大津道は現在の長尾街道で磯歯津路は八尾街道と推定されている。

『日本書紀』に神武天皇の船団が、難波の碕、河内湖を通り草香邑《くさかむら》の白肩津から上陸し生駒山を越えて奈良盆地へ入ろうとした時、長髄彦《ながすねひこ》との激しい戦いがあり皇軍が退却するという話がある。その時のルートが日下直越といわれている。人がほとんど通らない古道で倒木やブッシュで通りにくい道ではあるが今もかろうじて残っている。

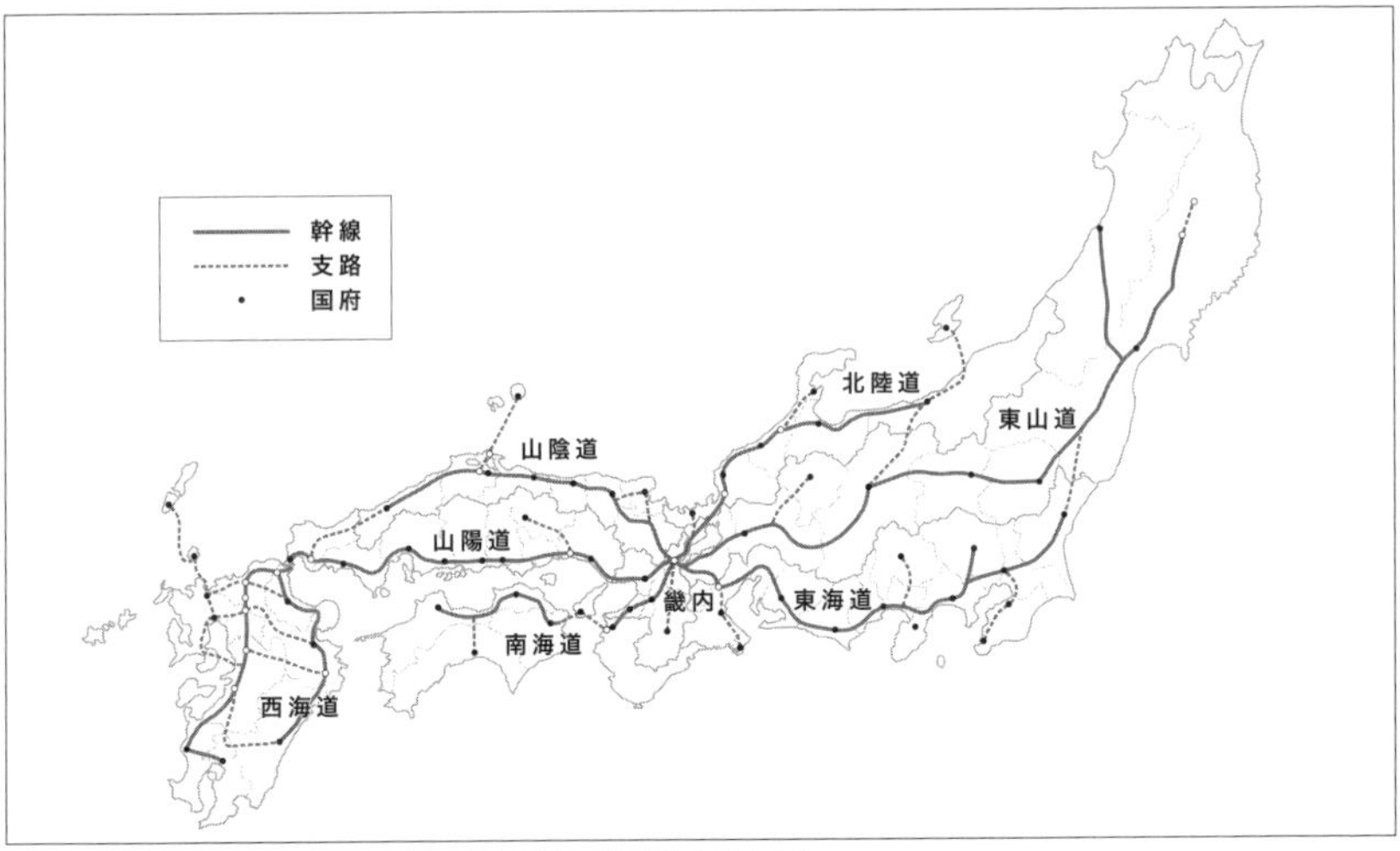


**七道駅路概要図**（児玉幸多編『日本交通史』吉川弘文館より）
五畿七道とは、律令制における広域地方行政区画で、五畿は畿内の大和・摂津・山城・河内・和泉の五国。七道は東海道、東山道、北陸道、山陽道、山陰道、南海道、西海道のことである。

点は不明だが遣隋使や遣唐使を派遣した住吉津がその近くにあったのだ。難波大道は現存しないが、発掘調査から道幅約17メートル、両側に幅2メートル程度の溝がある立派な直線道であったことがわかっている。

律令国家として中央集権の政治がはじまると、各地に国府などの役所が置かれ、五畿七道（畿内七道）が設置された。五畿とは、大和、山城、摂津、河内、和泉の5カ国と、七道とは、中央と地方諸国を結んだ7本の幹線道路（東海道、東山道、北陸道、山陽道、山陰道、南海道、西海道）のことで、各地に設置された国府などを最短経路で結んだ道であり行政区分でもある。

その道沿いには、30里（約16キロメートル）ごとに駅家が置かれた。駅家とは公務で移動する者に馬や宿泊施設、食事などを提供した施設のことである。しかし集落から離れた場所を通ることが多かった七道は、駅家の制度がなくなると次第に使われなくなっていったのだ。

中世には熊野古道や高野街道など神社や寺院への参

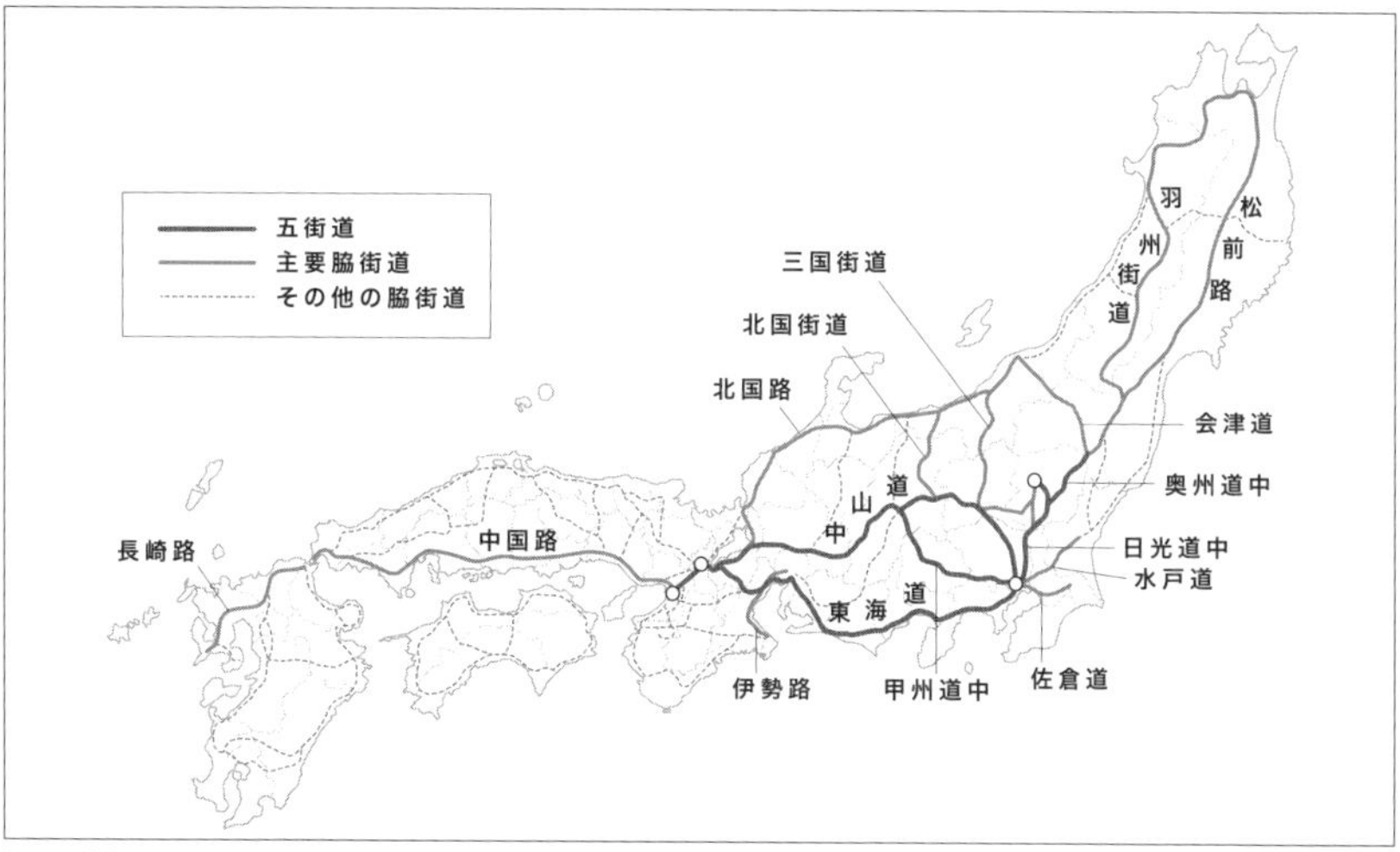


江戸時代の五街道と脇街道
五街道とは、江戸幕府が江戸と全国を結ぶために整備した幹線道で、五つの街道と地方を結ぶ脇街道が整備された。主要な脇街道は脇往還（わきおうかん）とも呼ばれた。

拝道が整備され、江戸時代には、江戸・日本橋を起点とした東海道、中山道、日光街道、奥州街道、甲州街道など五街道が整備されていった。参勤交代のための本陣や脇本陣、旅籠などが建ち並ぶ宿場も各地に置かれたのだ。

近代に入ると自動車が通るための道路が整備されていき、くねくねした旧街道や古道は幅広い道路を作るために淘汰されていった。都市部にも、昔ながらの細いくねくね道は残っている。くねくねしているのは、元の地形にあらがわず効率よく作られることが多いからだ。くねくね道を歩くと、古い石碑や道標、地蔵尊、石仏などが道のわきに残っているだろう。かつての風景を妄想する古道歩きはなぜかこころが落ち着く地形の痕跡歩きでもある。

**史跡桜井駅跡の碑**

JR島本駅の東側にある公園が古代律令制度の時代にあった駅家の跡とされている。左奥に楠公父子の石像が見えるが、「桜井の別れ」の地としても有名である。

## 古道・旧道・街道（下）　―断層が道を導く

大阪は、京都や奈良という古都と隣接していることもあり、古代から中世、近世の古道や街道が数多く残る地域である。私がその特異性に気づいて古道歩きに利用した地図が、明治時代に参謀本部陸軍部測量局によって作成された国土地理院の旧版地図である。

大阪周辺が広範囲にしかも正確な測量で残っているのは、明治18〜20年頃にかけて発行された地図が最も古いと思われる。この地図の素晴らしいところは、鉄道が大阪と京都、神戸を結ぶ官営鉄道のみで私鉄や近代的な道路がまだない時代の地図だからである。街道や集落は江戸時代の様子をよく残しており、道は地形に沿ってゆるやかにカーブしている。この地図を片手に街道や旧道を歩くと、かつての田畑に囲まれた田舎道を歩いているような気分になる。

京都と西宮方面を結ぶ西国街道は江戸時代に整備された街道だが、律令制時代の山陽道がベースとなっている。山陽道の時代には駅家が置かれ、江戸時代には

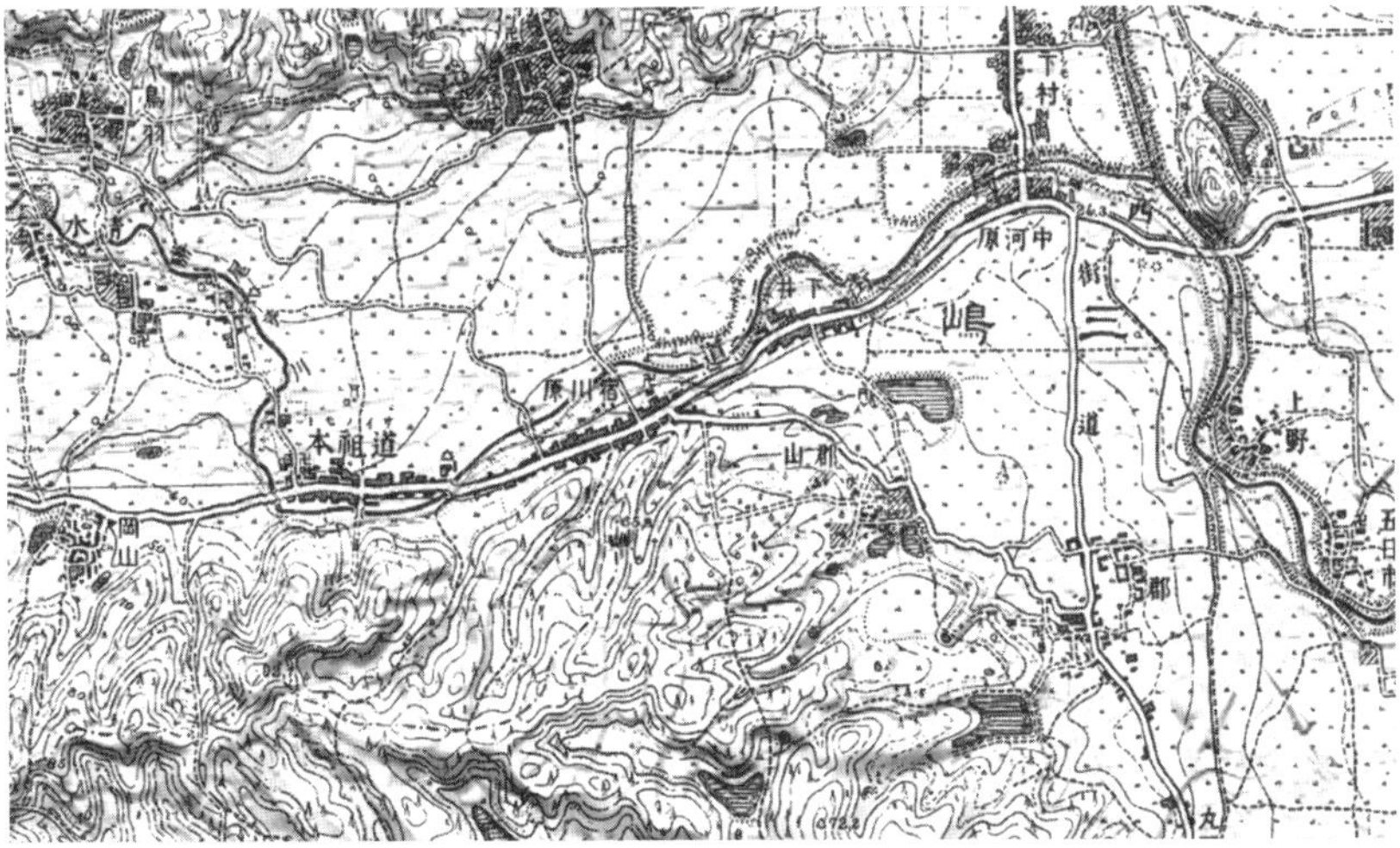

**明治時代の西国街道**

中央の原川宿が郡山宿の本陣があった場所である。南側の丘陵地に沿って断層が通っており、街道も低湿地帯を避けて断層崖に沿って高い場所につくられている。

本陣や脇本陣が置かれるなどにぎわったが、現在も駅家跡や本陣跡、一里塚跡が残りどこか懐かしい風景が随所に残る街道筋である。

ＪＲ島本駅前の広場は「史跡桜井駅跡」とされている。桜井駅とは、１３３６年に足利尊氏の大軍を迎え撃つため京都を発った楠木正成が息子の正行と別れを告げた場所として、『太平記』に記された「桜井の別れ」伝承地として有名な場所である。発掘調査では、幅約10メートルの古代山陽道跡と思われる道路状遺構が発見されている。

ＪＲ高槻駅の北側は江戸時代に芥川宿場にあったエリアで、街道がクランクする場所に芥川一里塚跡が残る。現在は祠と一里塚跡の石柱があるだけだが、古い絵図にはこんもりとした塚とその上にエノキが描かれている。

さらに西に進むと、郡山宿跡があり本陣跡の建物が残っている。郡山宿は京都と西宮のほぼ中間に位置し、本陣の門の横に見事な椿の木があったことから「椿の本陣」と呼ばれるようになったという。１６３５年の

**芥川一里塚跡**
西国街道の宿場町「芥川宿」の東口にあり、かつては街道の両側に塚を築いて大樹になるエノキなどを植えて目印にしていた。

創業で一度建物が消失したが1721年に再建され、約300年間変わらぬ姿を残している。

　千里丘陵の北側は、野畑・小野原断層が通っており、まっすぐ断層崖が続いているが、西国街道もそれに沿ってまっすぐ続いている。おそらく古代の山陽道は直線に伸びる断層崖の地形を利用して敷設されたのだろう。断層崖の下には旧萱野村の田園地帯がいまもよく残っており、四十八番目の赤穂浪士といわれる萱野三平の旧邸と古い長屋門が残る。

　古道や旧道を歩くときは、スマホで今昔マップを見ることが多い。周囲の地形を見ながらなぜここに道を作ったのか、この場所に集落を作ったのかなど、最初にそれらをつくった人の気持ちで歩くとその答えがわかるかもしれない。道や集落はその地域で最も安全で効率のいい場所につくられたはずである。古道や旧道は地形と密接につながりながらつくられているのだ。

**郡山宿椿の本陣跡**

郡山本陣に残された宿帳には、摂津・備前・備中・美作・讃岐などの大名や忠臣蔵で有名な赤穂城主浅野内匠頭長矩（あさのたくみのかみながのり）も宿泊している。

**西国街道にある萱野三平旧邸長屋門**

萱野三平は忠臣蔵で有名な赤穂藩 47 人の義士に含まれない 48 人目の義士といわれる。江戸にいた三平は事件を赤穂に知らせるために早駕籠でこの道も通っている。偶然にも自分の母親の葬列に出くわしたが、合掌しただけで先を急いだと伝わる。かつての風情が今も残る街道である。

**箸墓古墳**

卑弥呼の墓ではないかといわれる3世紀後半に築造された前方後円墳。奥の山は三輪山で、大和国一宮・大神神社の神奈備である。大神神社は山を御神体とし本殿がない。

## 古墳——妄想力が古墳の魅力を高める

古い墳丘の墓をすべてを古墳と呼ぶのではなく、3世紀から7世紀までにつくられた墳墓を古墳とよび、それより古い弥生時代の墳墓は大型であっても墳丘墓という。それは大型の前方後円墳の出現をもって古墳時代の成立と考えられているからである。

前方後円墳は、北は岩手県から南は鹿児島県まで広範囲に分布するが、前方後円墳や前方後方墳が全国に広がっていったことは、ヤマト政権連合が日本中に広がっていったことを意味し、その後の中央集権国家の基盤になっていくのである。

前方後円墳の中で最も古いものは、奈良県の纏向遺跡にある箸墓古墳とされる。今は木々に覆われ森のようになっているが、かつては後円部最上段の全面にこぶし大の石が敷き詰められた幾何学型の構造物で、邪馬台国の女王卑弥呼の墓ではないかという説が根強くある。

大阪には、世界文化遺産に登録された百舌鳥古墳群

**海岸沿いから見た五色塚古墳**

五色塚古墳は、国の史跡整備の第1号として昭和40年から10年の歳月をかけて整備された。近くで見るのもいいのだが、埋立地から見ると古代人が船の上から見た姿を想像することができる。

と古市古墳群などがあるが、ほとんどの古墳は宮内庁管轄であるため中に入ることができず、訪れても緑に覆われた山があるだけで楽しむというものではないように感じる。古墳の魅力を伝えるのは難しいのだが、私は築造された当時をイメージしながら歩くことが多い。頭の中で妄想している一端を紹介したいと思う。

全盛期の古墳の姿は、海岸や低湿地帯に近い高台にあり、幾何学型で表面に葺石が敷き詰められてテラスには埴輪が整然と並び、太陽の光を反射して遠くからでも輝いて見えていたと思われる。

百舌鳥古墳群はヤマト政権の外港・住吉津の近くにある高台に造られ、海からもよく見える場所にある。瀬戸内海を通ってきた船に乗る外国人使者は、明石海峡を越えると大阪湾のその先にある巨大な構造物を肉眼でも確認できただろう。明石海峡の丘の上には五色塚古墳があり、そこから船は見張られている。六甲山地に沿って海上を通過する途中にも、西求塚古墳、処女塚古墳、東求塚古墳など前方後円墳や前方後方墳が並んでおり、ヤマト政権の本拠地に入っていく演出が

**仁徳陵古墳と陪塚の模型**
近つ飛鳥博物館の巨大な模型は、仁徳陵古墳の築造時の姿を周辺の陪塚群とともに150分の1の大きさで再現しており、古墳を知る上で一見の価値がある。

施されている。

住吉津に上陸した使者は、陸路で大和へ向かう途中に丹比道から見える巨大古墳群の異様な光景に驚いたに違いない。丹比道を2時間ほど歩くとふたたび巨大な古墳群が見えてくる。古市古墳群だ。ここでも巨大な古墳の表面には石が敷き詰められ埴輪が整然と並び太陽の光を反射させていた。使者は異様な光景を目の当たりにし、野蛮な国だと思っていた倭国には、巨大古墳を造ることができる統率力に優れたリーダーがいることを実感したのかもしれない。そして生駒山地を越えてヤマト政権の本拠地・大和盆地に入っていったのである。四方を山に囲まれ広大な水田が広がる美しい景観に豊かさと手ごわさを感じたのかもしれない。

巨大古墳には、様々な役割があったと思われるが、中国との交流が盛んに行われていた時代に造られた背景も考えておきたい。巨大古墳は上空から見るためにつくられたものではなく、横から見ることを意識して作られたと思われる。そんな古代人の視点で私は妄想を広げて古墳を楽しんでいるのである。

**五色塚古墳の後円部からの眺め**

目の前に見えるのは淡路島と明石海峡。この場所からは海峡を通る船がよく見えるが船からもよく見える位置にあり、松明を灯すと夜は百舌鳥古墳群からも見えただろう。

**横から見た小室山古墳の後円部**

古市古墳群に含まれ世界遺産でもあるが、墳頂に上ることができる。子供でも上れる傾斜で上からの眺めがよく、天気が良ければあべのハルカスも見える。

**復元された灘目（なだめ）の水車**

六甲山麓の住吉川流域には最盛期には 88 基もの水車が回っていたという。水車産業は灘（灘目は灘地方の旧称）の酒造りを支え、灘目油は品質が良く武家を中心にもてはやされたという。

## 水車——川は永遠に続く動力源

水車は、灌漑用揚水機として利用されていたものが、水車の回転する力を利用して、石臼を回転させたり、杵を上下させたりする動力装置として発展していった。動力水車が本格的に使用されだしたのは江戸時代からで、「天下の台所」と呼ばれ流通の主要地であった大阪から近い六甲山地や生駒山地では、急峻な地形を利用して水車小屋がたくさん造られ、水車産業が盛んになっていったのである。

六甲山系には、夙川、芦屋川、住吉川、石屋川、都賀川、生田川などの川があるが、最盛期にはすべての河川に水車小屋が並んでいたという。当初は主に菜種や綿実からとる油絞りがメインであったが、灘の酒造りが盛んになると絞油用水車から酒造業用水車へ転向する水車が増えていったのだ。1919（大正8）年の記録を見ると、水車場は270ヶ所、搗臼の数は2万4700にのぼっている。しかし、1955（昭和30）年ころにかけて一気に消滅していった。それは、

**復元された辻子谷の水車**

生駒山麓にある辻子谷の水車は水を上から掛けるタイプで、水車の中央の軸は小屋まで続き、その軸には「なで」がついており、回転する度に「きね」が持ち上げられ、落ちた力で石臼の中にある物を粉砕する。「コトンコトン」と回る水車ののどかな風景がこの谷沿いに続いていたのだ。

1938（昭和13）年に起きた阪神大水害の被害が大きく、復興できなかったことが原因だと考えられる。

生駒山地には、河内七谷といわれる車谷、日下谷、辻子谷、額田谷、豊浦谷、客坊谷、鳴川谷があり、渓流の豊富な水を利用して水車産業が盛んであった。この地域でも江戸時代に水車産業が興り、明治～大正期には137台もの水車が稼働していたという。古くは辻子谷で胡粉の製造がはじまり、油絞りや精米、漢方薬の粉末、伸線業などに及んでいる。この地域の特徴として大坂道修町の薬種問屋との取引により和漢薬種の細末加工が増えたことがあげられる。それらの加工は熱を嫌うため電力が普及していっても稼働し続け1975（昭和50）年頃まで水車が残っていたそうだ。現在も機械による香辛料や生薬の粉砕業が続いており、この地区を通り抜けるときは、漢方薬独特の匂いが漂ってくる。

水車は近代化によってなくなってしまったが、現在では水力や風力など自然エネルギーが再び見直されていることが皮肉に感じられる。水車があった川沿いを歩くと、水車小屋が並んでいた頃の痕跡に出会うかもしれない。忘れ去られた水車があった頃の痕跡を探してみるのもいいだろう。

**水落の地から見つかった基礎石**
この地に日本で初めて時間を刻んだ水時計を設置した建物があった。

## 「地名」は土地の記憶――土地への愛着が地名を残す原動力となる

「ブラタモリ」の「奈良・飛鳥」の回で、タモリさんが発言した一言がネット上で話題になった。タモリさんが発したのは、「地名は土地の記憶なんです」という言葉だった。

「奈良・飛鳥」は、飛鳥時代始まりの地であり、推古天皇が592年に豊浦宮で即位して以降、藤原京への移転まで宮廷が置かれた場所である。タモリさん一行は、明治時代に作られた手書きの古地図を頼りに、「水落」と記された場所を訪れる。そこには日本で最初に時を刻んだとされる水時計を設置した建物があり、地中には頑丈な礎石が埋まっていたのだ。もちろん地図が作られた明治時代に、この場所に遺跡があることなど分かっておらず、タモリさんは「地名というのは土地の記憶なんですよね、本当は変えちゃいけないんですよ。地名変更なんて行政の便利さで変えてますけども本当はダメなんですよね。やっぱり守っとかなきゃだめですよね」という感想を述べたのだ。タモリさ

長野県にかつてあった湖の想定場所
湖が想定される場所を黒くし円で囲んでいる。その近くに海ノ口、海尻、小海の地名が今も残っているのだ。

**残された渡辺の地名**

渡辺・渡邉・渡邊・渡部は同族といわれており、渡辺姓のルーツの地はここではなく元あった上町台地の北端の地である。

んの言葉に、多くの賛同の声がＳＮＳで広がったのである。

海とは縁がない長野県には、海尻、海ノ口・海瀬、小海など海が付く地名が集中する場所がある。これは、平安時代に大規模な山体崩壊が発生し千曲川が堰き止められて巨大な湖ができたことが関係しているようだ。その巨大天然湖は一年足らずで決壊を起こすが、ふたつの大きな湖を残し、ひとつは１３０年以上、もうひとつは６００年以上も存在していたという。それらの湖にちなんで海の字が地名として残っているのだ。

大阪には番地の欄に数字ではなく「渡辺」と書かれた住所がある。正式には「大阪市中央区久太郎町４丁目渡辺」。坐魔神社がある狭い区画のみにその住所が当てられている。これは、元々「大阪市東区渡辺町」が区の統合によって久太郎町に変更されることが決まり、渡辺の町名を消滅させてはいけないという反対運動がおこり特例が認められた場所である。

本来渡辺と名乗っていた場所は、ここから数キロメートル離れた大川沿いにあり、渡し場があったことか

**坐摩神社の旧跡に残る鎮座石**
元の渡辺の地には、神功皇后が休息したと伝わる石が今も残っている。

ら古来より渡辺と称され、難波における海陸交通の要地であった。平安期の武将・源綱が、この地で渡辺綱と称して渡辺氏の祖となり、人々が渡辺を名乗ってここから全国に渡辺姓が広がっていったのである。１ヶ所の地名から全国に広がった珍しい名字としても知られている場所なのだ。

　中世には、瀬戸内海岸で最大級の湾港・渡辺津としてにぎわい、渡辺党と呼ばれる武士団が勢力を有していたが、豊臣秀吉が大坂城を築城する際、城下町の整備のために立ち退きを命じて、坐摩神社と渡辺という地名とともに現在の場所へ移ったのだ。

　ビルとビルに挟まれた狭い場所には坐摩神社行宮があり、拝殿にはステンレス製の枠組みで守られた割れた石がある。これは神功皇后がこの地に立ち寄った際に座った石と伝わっている。坐魔神社があった旧地の地名は石町《こくまち》といい、鎮座石からその名がついたといわれるが、この地に国府が置かれたという説もある。実はこちらの方が有力で、８０５（延暦24）年に摂津国府が置かれて国府町となり、いつしか石町になったと

**中央区上町 ABC**
大阪市中央区上町には1丁目とAとBとCがあり、2丁目は存在しない。1丁目よりもABCの方が上町の中心であったことが後世に残ってほしいものである。

いわれる。

大阪の地形と関わる地名に上町がある。上町台地の上町だが上町には○丁目ではなくアルファベットがつく地名があるのだ。これは、南区上町1丁目と東区上町1丁目が統合して中央区になる時に、南区が上町2丁目になることがわかり南区の住民から猛反発が起こったのが事の発端である。元々上町の地名は南区のエリアが中心であったため、地名への愛着が特に強かったようだ。2丁目にならないために「あいう」「いろは」「上中下」などの案が上がったが、「ABC」で妥協したという。歴史のある「上町」と「ABC」のコントラストが住民の地元愛を感じずにはいられない。

**いがわ小径**
水路には鯉が泳いでおり水の町郡上八幡らしい癒しの空間。民家の裏手を流れ、夏になればスイカや野菜が冷やされ、鮎のオトリ缶をつけている光景も見られる。

## 水と暮らし——水に流して心も浄化

暮らしの中に川の水を取り込み生活してきた集落は数多くあるが、私が訪れた中で最も印象深かったのは郡上八幡である。郡上八幡は、奥美濃の山々に囲まれた狭い谷底低地に広がる城下町で、平野に突き出た尾根の突端部に戦国武将・遠藤盛数が築いた山城・郡上八幡城がある。日本三大盆踊りである「郡上おどり」は全国的に有名だが、美しい水路沿いの小径や橋の上から川に飛び込む子供たちの姿は夏の風物詩としてよく取り上げられている。

町を歩くと、いたるところに水路が張り巡らされていることに気づくが、これは寛文年間に城下町を整備した城主・遠藤常友が、防火と生活用水を目的として築造したのがはじまりで、現在では、吉田川と小駄良川に流れる4本の谷川と3本の幹線水路が骨格となり、町中に水路網が構築されている。水路沿いを歩くと木製の板を見かけるのだが、これは用水路の水を堰止めるために使う「せぎ板」で、一時的に水を貯めて洗い

カワド
谷から流れてくるきれいな水を使った共同の洗い場。昔は洗濯をしていたが、今は野菜を洗うのに使われている。おしゃべりをする社交の場としての役割もあった。

ものや花の水やりなどに利用されている。

観光スポットでもある「いがわ小径」は、吉田川を取水源とする最大の幹線水路「島谷用水」沿いの小径で、民家の裏手を流れて川には鯉や川魚が泳ぐ。地域では、用水や川を利用した「カワド」と呼ばれる施設がある。かつては洗濯などに利用されていたが、今ではすすぎや野菜を洗うのに使われ、都会でいう井戸端会議ができる社交の場の役割があったのだろう。

山沿いの道を歩くとよく見られるのが「水舟」だ。水舟は、水槽が階段状に2段〜3段になっており、湧水や山水を引いて上の段から順に流れていく装置だ。上段は飲料水として、中段・下段は野菜や食器洗い、土のついた野菜の泥落としなどに使う。そこで出たご飯つぶなどの食べ物の残りはそのまま下の池に流れて飼われている鯉や魚のエサとなり、水は自然に浄化されて川に流れこむしくみである。

郡上八幡の象徴的な場所に「宗祇水」がある。小駄良川に架かる清水橋のたもとにある湧水地で、1メートルほど下がった低い場所からコンコンと水が湧く。

**水舟**
町のいたるところに設置されている水舟は、湧水や山水を引き込んだ二槽または三槽からなる水槽で、最初の槽は飲用や食べ物を洗うことに、次の槽は食器などを洗うのに使われる。

湧出口は祠の中にあり、その前に5層の段槽があるのだが、案内板には、水源─飲料水─米等洗場（スイカ冷しに利用）─野菜等洗場─さらし場（桶等をつけておく）と利用方法も書かれており、今も生活用水として利用されているようだ。「宗祇水」の名の由来は、連歌の宗匠・飯尾宗祇が、泉のほとりに草庵を結び、この水を愛用していたところから名付けられたといわれる。

町を歩いていると、家の軒下には防火用のバケツが吊り下げられているのを目にするが、過去に大火に見舞われたことがあり防火意識が高い町でもあるという。せぎ板を溝に差し込むことで、水路が防火用水にもなるのだ。郡上八幡は、町全体が豊かな水を巧みに利用して暮らしに取り入れてきた地域である。この文化をいつまでも繋いでいってほしいものだ。

宗祇水（白雲水）
環境省が選定した「日本名水百選」の第１号に指定されたことで有名になった湧水。室町時代の連歌師・宗祇が郡上にいる間この名水を愛用していたと伝わる。

堰板《せぎいた》
堰板は用水路の水を堰止めるために使う木製の板で、溝に差し込んで一時的に水位をあげ、洗いものや花の水やりなどに利用している。

**大阪城の一番櫓と石垣**
一番櫓の南側に位置する石垣の面は、左端から鍋島家、織田家、京極家が担当した石垣で、鍋島家の担当した石垣には東六甲石丁場の石が使われているのだろう。

## 石切場跡（大坂城）——時間が止まった森

大坂夏の陣で焼け落ちた大坂城の再建は、徳川幕府によって1620（元和6）年から始まった。豊臣大坂城をすべて覆い隠すように、石垣を豊臣大坂城の2倍の高さに堀も深さも2倍にしたといわれる。工事には莫大な費用がかかるが、再築にあたっては西国の大名らによる割普請によって実施された。割普請とは、全体を幾つかに分け分担して行わせる方法で、たとえば石高に応じて分担する石垣の長さを割り当てるなどが行われている。工事は約10年もかかったと伝えられるが、西国大名の財力を消滅するねらいがあったともいわれる。

石垣の石材は各地から運ばれているが、採石地として京都府の木津川流域の加茂笠置、伏見城石垣の転用、生駒山系、東六甲山系、小豆島など瀬戸内海の島々、福岡県沓尾、佐賀県唐津などが挙げられる。その中でも生駒山系、東六甲山系、小豆島などからの採石が多かったようだ。

**仏生ケ原にある巨大な岩**
東六甲石丁場跡の中でも象徴的に紹介される巨石。上部に無数の矢穴の跡が残っており断面も美しく見事だ。

大阪城内で最も大きな石は桜門枡形にある通称蛸石である。蛸石の表面積はおよそ36畳敷（59・43平方メートル）、厚さ平均0・9メートル、重量は約108トンと推定されている。大きさの割には薄い花崗岩の岩だ。蛸石という名は、石の表面左端に茶色い蛸の頭形のシミがあることから名付けられたとされ、岡山藩主池田忠雄の担当によって築かれた。岡山県の沖にある犬島から切り出されて運ばれたものである。

六甲山東麓にある県立甲山森林公園内には「大坂城石垣石丁場跡 東六甲石丁場跡」として国の史跡に指定されたエリアがある。森林公園内のほとんどが森で、その中に矢穴石や刻印石が手付かずの状態で残っているのだ。仏性ヶ原周辺と展望台周辺には、矢穴が掘られた岩や矢穴で破られた石材、ノミで調整された石材や大名の刻印が刻まれた刻印石などが点在している。矢穴とは、岩を分割する際にクサビを入れるために一列に彫られた穴のことで、そこに鉄製のクサビを打ち込んで岩を割るのである。切り出した石材は、牛車や修羅などで川まで運び、船で大坂城に運ばれていった

**細分化される石材**

縦と横に矢穴が掘られ割られている。まるで作業途中のように放置されて、約400年間の時が過ぎまわりが森になっているのだ。

のだ。このエリアで見つかる刻印は◇形で、肥前の鍋島家が石材を切り出していたといわれる。

石切場跡はある日突然作業が終わったような状態で残っている石材がほとんどで、当時は日雇いで労働者を雇っていたため、実際もある日突然作業が終わったのかもしれない。東六甲山系では複数の大名が採石活動をしていたが、石が少ない地域は人件費ばかりが嵩み効率が悪いために小豆島などに新たな石切場を求めた藩も多かったようだ。小豆島では伊勢津藩藤堂家、福岡藩黒田家、柳川藩田中家、熊本藩加藤家、小倉藩細川家、岡藩中川家、松江藩堀尾家が採石を行っている。

約400年間も人の手が再び入らずに時間が止まっているような空間だ。森の中を歩きながら矢穴石や藩の刻印を見つけるのはまるで宝探しのようである。

矢穴石
一列に並んだ矢穴に鉄のクサビを入れて打ち込むとパカっと割れる。

蛸石
徳川大坂城の本丸の入り口にある桜門をくぐると正面に蛸石があり、その上に大坂城の天守閣が見える。城内で最も重要な石垣を築造した岡山藩の池田忠雄はさぞ誇らしかったであろう。

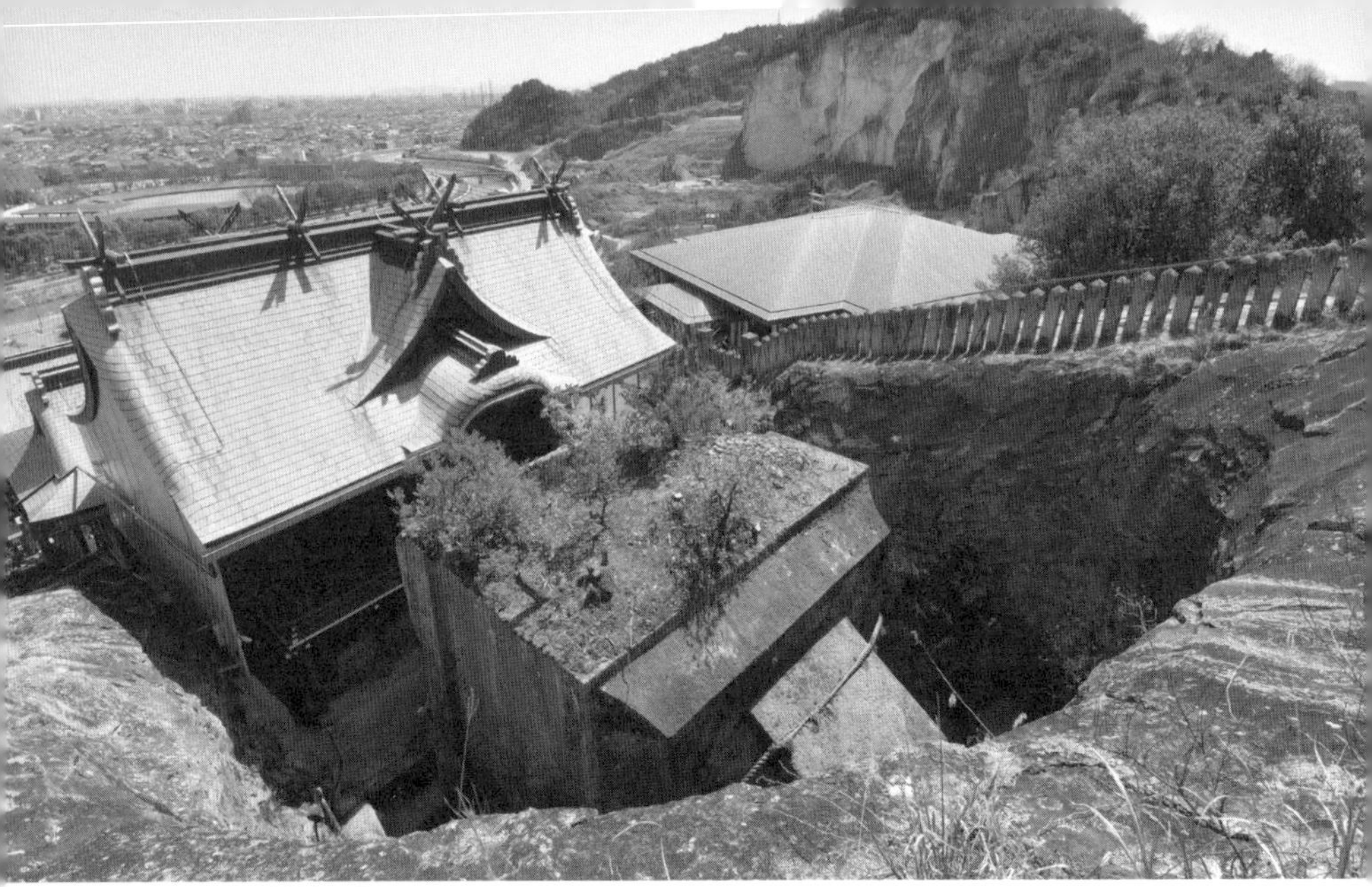

**宝殿石と生石神社の社殿**

兵庫県高砂市宝殿付近から産出する岩石は竜山石とも呼ばれ、湖底に噴出したマグマが湖水によって急速に冷却、破砕されてできた流紋岩質ハイアロクラスタイト（水冷破砕岩）という岩石であるという。

## 石切場跡（古墳） ——手作業に限界はないのかもしれない

古墳時代から続く古い石切場として、最も有名な場所のひとつに兵庫県高砂市の宝殿石がある。火山由来の岩山から一辺約6メートルの巨大な直方体を切り出す途中で止まった状態になっており、側面にベルト状の凹みが縦に走り、背面に屋根形の突起が付く不思議な形だ。下には水が溜まり、底の部分は四方から削られて中央部だけで支えているために「浮石」とも呼ばれる。この巨石は、生石神社の御神体とされて「日本三奇」の一つとなっているのだ。古くは播磨国風土記に「大石」の名で記され、「宝殿」は江戸時代に観光名所となって呼ばれだした名称である。研究者の間では、この岩をさらにくり抜いて石室をつくろうとしていたのではないかと考えられている。

ちなみに、似たような形として飛鳥時代の斉明天皇の墓として知られる牽牛子塚《けんごしづか》古墳の石室は、凝灰岩の巨石をくり抜いて左右2つの空間を持つ横口式石槨である。埋葬者は斉明天皇と間人皇女の合葬墓という説

**まるで浮いているように見える宝殿石**
12世紀の文献では生石大神として信仰の対象になっていたようだ。竜山石自体は、古墳時代から石棺などの素材として畿内を中心に広く流通した石材である。

が有力だ。牽午子塚古墳に近い石船山の頂上近くには益田岩船と呼ばれる巨石がある。石船山自体は花崗岩質で益田岩船も花崗岩だ。この巨石の大きさは、11メートル×8メートル×高さ4・7メートルほどで、頂上部と側面に浅い溝状の切り込みがあり、さらに2つの方形の穴が開いている。上半部が平滑に仕上げられているが下半部は荒削りのままだ。この巨石も諸説あるのだが、亀裂が入っていることから加工の途中で放棄されたものだと考えられる。

奈良盆地に近い二上山周辺にも凝灰岩が広く分布し十数ヶ所の石切場の遺構が発見されている。二上山南西麓には古墳時代に凝灰岩を切り出した石切場跡が残されている。この辺りは溶結凝灰岩で、色が白いことが特徴だ。藤ノ木古墳や高松塚古墳などの刳抜《くりぬき》式家形石棺などに使われていた。石切場跡には当時の人が削った痕跡がそのまま残っており、どのような人がどのような格好で作業をしていたのだろうかと妄想が膨らんでいく。当時の人の息吹を感じることができる場所なのだ。

**益田岩船**

上面に方形の穴が2つあいている花崗岩の巨石で、丘の上に残されたように放置されている。斉明天皇の石室をつくろうとしていたという説もある。

**二上山の石切場跡**

岩を切り出す途中で放置されたようになっている。この辺りの凝灰岩は火砕流堆積物が水中に堆積してできた岩石だと考えられている。加工がしやすく古墳時代から石棺や石室に利用されていた。

鳥地獄
この辺りは地獄谷と呼ばれ断層の割れ目から炭酸ガスが噴き出して鳥や虫が死んだことから鳥地獄、虫地獄などと刻まれた石があり孔が開いているところもある。

## 温泉——地獄と極楽は隣り合わせ

温泉とは、ある地域の年平均気温より高温の地中から湧出する泉水のことで、日本の温泉法では湧出口での温度が25度未満でも法律で定めた特定の物質が規定量以上含まれる泉水（鉱泉）も温泉として取り扱うことになっている。熱源の種類によって温泉を火山性温泉と非火山性温泉に分けることができる。

火山性温泉の代表的な温泉地に、草津温泉、箱根・湯河原温泉、別府温泉、湯布院温泉、登別温泉などがある。近くに活火山があり、その地下ではマグマ溜まりがあって1000度以上の高温になっている。地下水がマグマ溜まりの熱で温められて地表に湧き出したものが温泉だ。温泉地の環境によってその熱源の利用方法は様々であるが、フィールドワークとしてその活火山や湯気が立ち上がる源泉を見るのも醍醐味のひとつであろう。

それに対し、有馬温泉、道後温泉、城崎温泉、南紀白浜温泉、日本最古の湯とされる湯の峰温泉などは非

炭酸泉源

炭酸ガスを含む水が沸いていた場所だと言われる。明治時代に科学的に飲料水として問題ないことがわかるまで「鳥類、虫、けだものがこの水をのめばたちどころに死すなり」と言い伝えており毒水として誰も近づかなかったという。

火山性温泉になる。非火山ではあるが、兵庫県の有馬温泉の天神泉源では98・2度、和歌山県の湯の峰温泉の源泉温度は92・5度ととても高温のところもあり科学的にわかっていないことも多い。

有馬温泉には「金泉」と「銀泉」という2種類の異なった温泉が湧いており、「金泉」は鉄分と塩分を含んだ赤茶色、銀泉は炭酸やラジウムを含んだ透明の温泉である。有馬温泉は、山々に囲まれた約1キロメートル四方の狭い温泉街で、背後にある六甲山地との境界には有馬―高槻断層帯が通っている。山がせり上がっていく境目は、かつて炭酸ガスが噴出していた孔があり、鳥地獄や虫地獄、炭酸地獄などが刻まれた石碑が残っている。近くの東屋の下には炭酸泉が湧いていた石造りの飲泉場があり、天然の炭酸水が飲める観光名所として賑わった時期もあったのだ。

温泉街の中心部には、天神泉源(98・2度)、御所泉源(83・5度)、極楽泉源(94・3度)、妬泉源(93・8度)、有明泉源(90・1度)などから湯気がモクモクと立ち上がり温泉場の風情を醸し出している。これらは全て

天神泉源

天神社の境内から98℃の金泉が湧き出している。金泉は強い鉄分と塩分を含み鉄分が酸化して赤茶色に変色している。神社への坂道も金泉が染みて赤茶色に変色しているのだ。

「金泉」と呼ばれて、鉄分と塩分を含みしかもかなりの高温である。なぜ火山がない地域でこれほどまでの高温の温泉が湧き出すのかはっきりとしたことはわかっていないが、最新の研究ではこのように考えられている。

近畿地方の地下深くでは、2500〜1500万年前に誕生した若くて熱いフィリピン海プレートが沈み込んでおり、大陸プレートの下に沈み込んだときに大量の海水も一緒に巻き込んでいる。700度に達するほど熱くなったフィリピン海プレートによって熱せられた海水は、有馬の地下60キロメートル地点で放出されて地上に湧き出しているというのだ。海水由来のために有馬の金泉の塩分濃度が海水の2倍以上になっているのだという。

温泉が湧き出す仕組みがわかった上で温泉地を歩くと、まわりの風景の見方が変わるかもしれない。地獄谷の孔も妄想が膨らんでいくかもしれない。

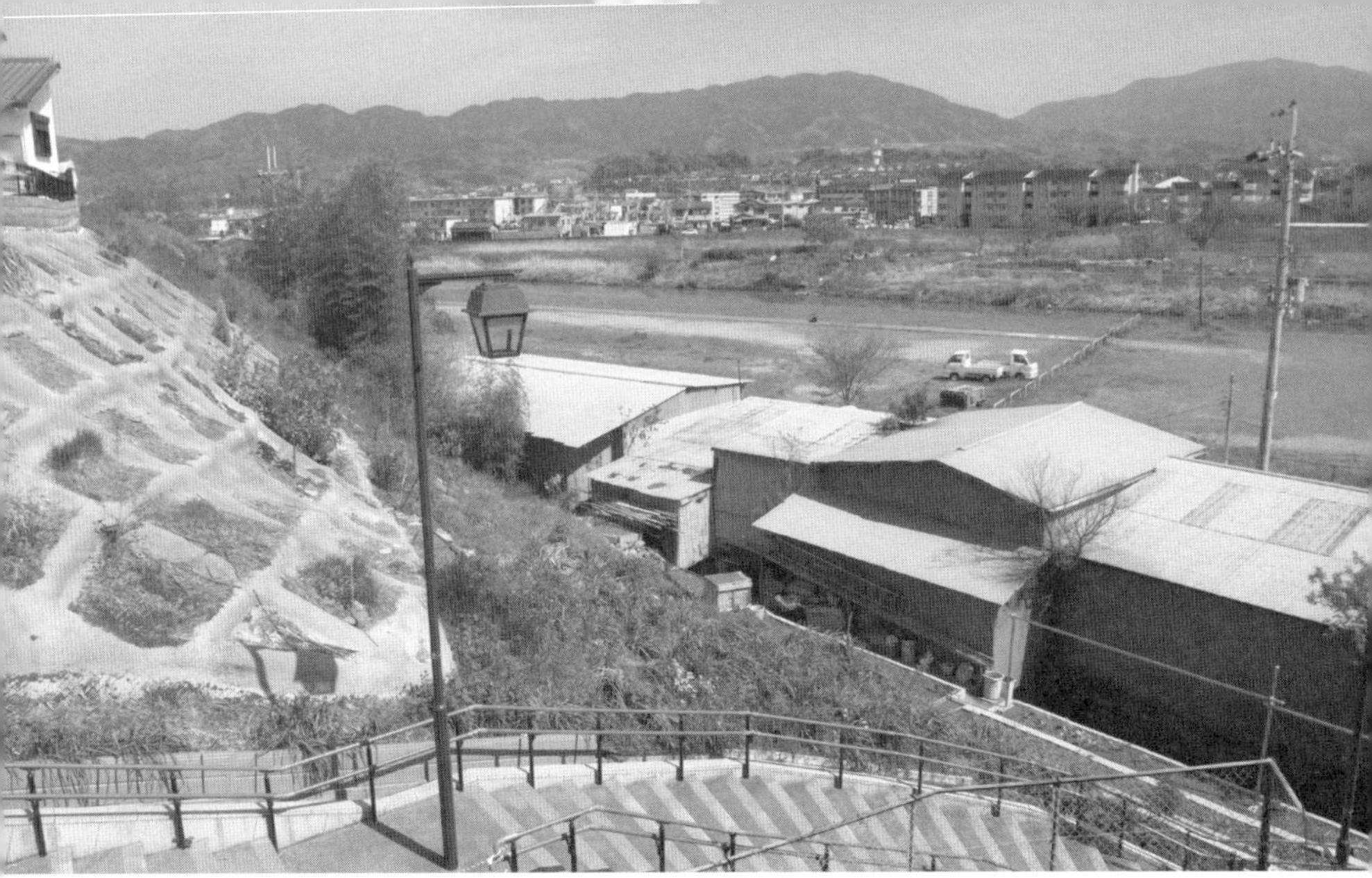

富田林寺内町の崖
河岸段丘の高低差を利用して環濠集落が形成されていた。

## 環濠集落――生きるために地面を掘る

16世紀の半ば以降、大阪平野には数多くの寺内町が作られた。寺内町とは浄土真宗の寺院を中心とした自治集落で、台地や河岸段丘、自然堤防などの自然地形を利用しつつ、その周囲を堀や土塁で囲むなど防御的性格が強い集落である。土塁は竹藪などで覆い外から村内が見えないようにし、数ヶ所の木戸口を設けて夜は門を閉めて出入りができないようにしていたのだ。大坂の石山本願寺や山科本願寺をはじめ、摂津では、塚口（尼崎市）、富田（高槻市）、小浜（宝塚市）、河内では招提（枚方市）、枚方（枚方市）、出口（枚方市）、久宝寺（八尾市）、八尾（八尾市）、萱振（八尾市）、富田林（富田林市）、大ヶ塚（河南町）、和泉では貝塚（貝塚市）、大和では今井（橿原市）などが有名である。

また、寺内町ではないが、堺や平野、尼崎などは環濠自治都市として経済的にも発展した町であるが、寺内町より大きく町全体を堀や土塁で囲んでいた。

江戸時代になると堀や土塁などは、役割を終えてほ

**稗田環濠集落の堀**
濠の幅がかなり広く当時に近い状態であろう。集落西側の堀沿いの道は下ツ道と呼ばれた古代官道である。まっすぐ北に進むと平城京の羅城門跡につながっている。

とんどが消滅しているが、河岸段丘などの地形を利用していた集落では当時の面影を色濃く残している場所もある。

　奈良県にある稗田《ひえだ》環濠集落は、上記とは性格が異なるが環濠の形を現代までよく残している地域である。延喜式に記される古社・賣《め》太《た》神社を中心とした集落で、猿女君《さるめのきみ》稗田氏族の居住地とされる由緒ある土地だ。周囲が1キロメートル程度の大きさだが、集落を囲む掘がよく残っている。いつ頃から環濠があるのかは不明であるが、この集落も戦国時代は城砦的な役割を果たしており、環濠内部には土塁が設けられ竹藪で覆われていたと考えられている。研究者によってその数字に差があるものの、奈良盆地にはかつて160〜240ヶ所以上もの環濠集落が存在していたという。

　環濠集落ではないが、外敵の来襲に備える防塁として京都に造られた御土居も紹介しておきたい。御土居とは天下をおさめた豊臣秀吉が、京都の都市改造の一環として外敵の来襲に備える防塁と、鴨川の氾濫から市街を守る堤防として、1591（天正19）年に築い

稗田環濠集落の航空写真（© Google マップ）
集落のまわりを堀が囲み北東側は七曲りよばれる特異な形がみえる。道はT字形に交差したり、袋小路になっていて、遠くが見通せないようにし、かつては環濠の内側を土塁と竹藪で囲んでいた。

た土塁である。総延長約23キロメートルにわたって築いた土塁は竹藪などで覆われていたといい今も京都の各所に痕跡を見ることができる。

日本には戦乱の時代が幾度となくあったが、弥生時代には中国の史書に「倭国大乱」と記された時代で、各地で戦いがあり集落の人々は自分たちの集落を守るために濠や土塁を巡らしていたといわれる。戦国時代は、再び集落のまわりに濠や土塁を築いた時代でもあった。古い集落跡などを歩くときは、防御的な視点で集落の中を歩くと、道が袋小路になっていたり、遠くを見通せないような工夫があるかもしれない。そんな視点で歩いてみてはいかがだろうか。

**京都の御土居**

豊臣秀吉が京都の都市改造の一環として外敵の来襲に備える防塁と鴨川の氾濫から市街を守る堤防として、1591（天正19）年に築いた土塁である。

**吉野ヶ里遺跡の堀と土塁と逆茂木**

弥生時代は中国の史書に「倭国大乱」と記された時代で、当時は集落のまわりに堀を巡らしていた。戦国時代には人々は再び集落の周りに濠を掘り土塁を築いたのだ。

**丸又窯**

1933（昭和8）年に開窯した登窯で植木鉢や花瓶などを作っていたようだ。11室あり1963（昭和38）年まで操業していたという。かつては素屋と呼ばれる屋根があった。近代化産業遺産でもある。

## 焼き物──奇跡の焼き色スカーレット

日本人とやきものとの歴史は縄文時代に遡る。土器の発明により煮炊きができるようになったことで食べられる食材が飛躍的に増えたことは、縄文人にとってイノベーションだったのだろう。弥生時代には大陸からの影響もあり煮沸だけでなく貯蔵や食品を盛るもの、祭祀用具や人を埋葬する大型のものなどに発展していった。古墳時代、奈良時代、平安時代と各地で独自の進化を遂げていった陶磁器は、桃山時代になると茶の湯道具など鑑賞の対象になり、機能だけでなく芸術性も加わりさらに個性豊かに進化していったのである。

日本古来の陶磁器窯のうち、中世から現在まで生産が続く代表的な6つの産地（瀬戸・常滑・信楽・丹波・備前・越前）を日本六古窯《にほんろっこよう》という。各産地の土は長い年月をかけて形成されていった日本列島の成り立ちとも関係している。たとえば瀬戸や常滑は、650万年前〜100万年前に伊勢湾北部から濃尾平野に至る巨大な湖「東海湖」に堆積した粘土層を利用している。

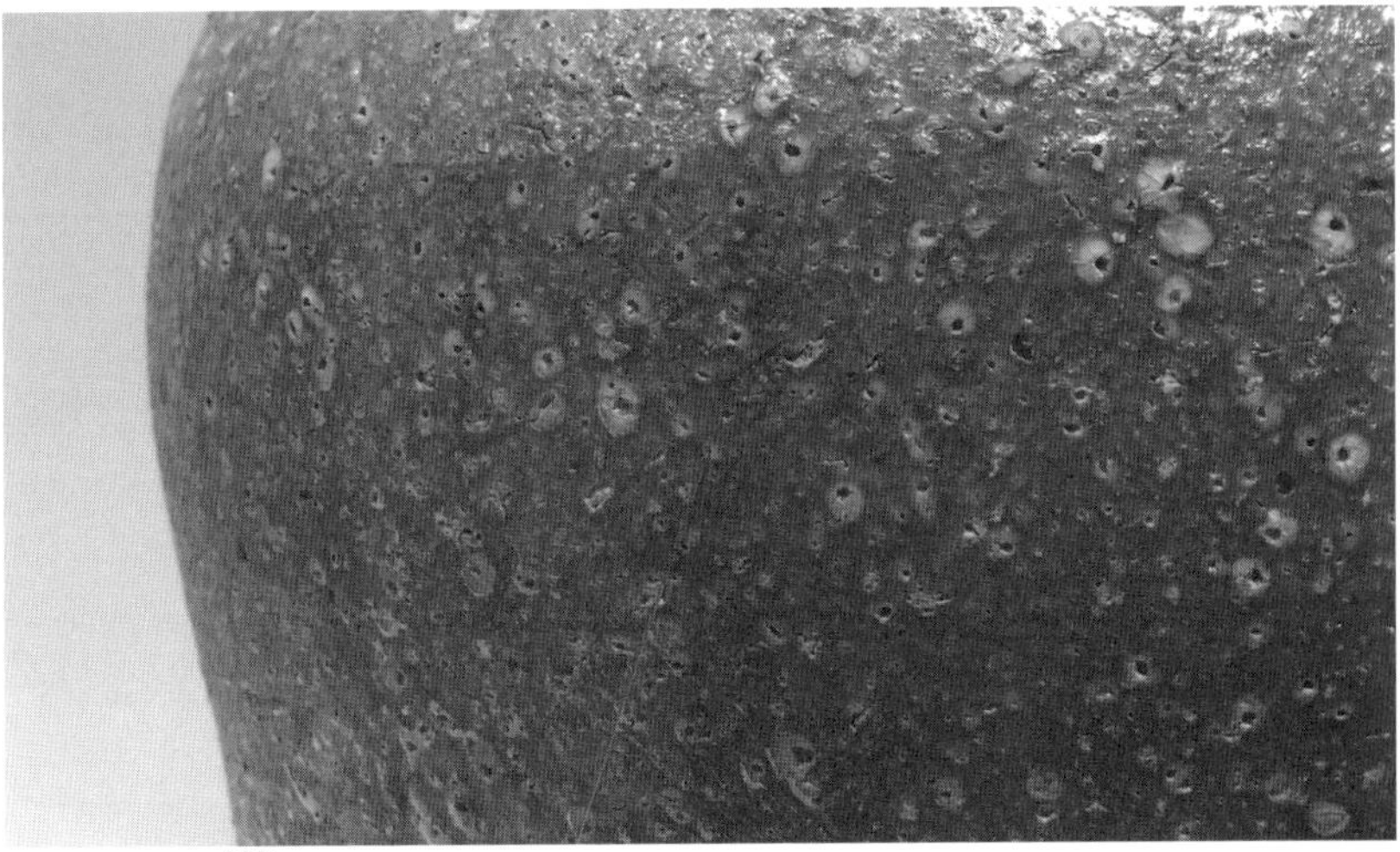

**信楽焼の表面の霰《あられ》**

信楽の土に含まれる長石が焼成温度が1250℃～1280℃を超えると溶けて白い点々として上面に現れる。それを霰、または蟹の目という。

信楽の粘土も少し成り立ちが似ており、琵琶湖の始まりと関係しているのだ。

信楽焼の産地である信楽の町は、周囲を花崗岩質の山に囲まれた盆地にある。約４００万年前に伊賀付近に琵琶湖の原型となる古代湖ができた。約３００万年前の信楽は湖の周りに広がる湿地帯で、そこに花崗岩が風化した石英や長石を含んだマサ土が堆積し、やがて粘土となっていったのだ。粘土には長石や石英が含まれていることで信楽焼の独特の風合いを出しているのである。

信楽焼の特徴のひとつに色がある。「火色」や「緋色《ひいろ》」と呼ばれる赤褐色でスカーレットカラーともいわれるが、それは土に含まれる鉄分が酸化することで生まれている。多すぎず少なすぎない絶妙な鉄分の量によって赤くなるのだ。また、白いガラス質の粒が表面に現れる場合があるが、霰《あられ》や蟹の目ともよばれるもので長石や石英が溶けてガラス状になったものである。さらにそれらが粘土に混ざっていることで形が崩れずに大きな形を保つことができるのだ。

**登り窯の下にはカフェ**

斜面を利用した登窯と素屋と呼ばれる屋根。信楽では使われなくなった登窯を観光名所としてカフェを併設しているところがいくつかある。登り窯を眺めながらスイーツもいいかもしれない。

信楽の町は傾斜地に形成されているが、その傾斜を利用して登り窯がつくられている。登り窯とは、傾斜地に天井がかまぼこ形の焼成室が段々に並んだ状態に配置され、後部の壁には下の焼成室から焚きだした火が登っていくように穴があいている。一番下の部屋を火袋といい、はじめに火を入れて薪を300束ほど使い3日間焼くと1300℃ほどになる。次に上の部屋に上りそこでは1000℃ほどとなっているため、あと300℃上げるために薪を加えていく。そしてさらに上に上がっていくのだ。1週間ほどかけて焼くのだという。たくさんの部屋を持つために一度に焼成できる製品の数は革新的に増えたのだ。

焼きものの町を歩く時にやはり土にも着目したい。日本六古窯の他の地域の土もそれぞれドラマがあるだろう。そんな土めぐりも地形散歩の面白味である。

**信楽にある鉱山跡**

花崗岩が風化してマサ化した様子がよくわかる。ガリ侵食が進んでいるが表面のザラザラは長石や石英などを含み、長石は風化作用によりカオリナイトなどの粘土鉱物に変化する性質がある。

**信楽の粘土鉱山跡**

鉱山跡の粘土には長石や石英の粒が含まれていた。現在、かつて粘土を採掘していた鉱山はすべて閉山している。

# おわりに　―書を捨て、凸凹を歩こう―

この本のきっかけは、『歩いて読みとく地域デザイン』の著者、山納洋氏の出版記念イベントにゲストで呼んでいただいたところから始まります。そこで本書編集担当の岩崎氏と初めてお会いしました。実は山納氏とお会いするのはその時が2回目で、初めての時がなんと中沢新一氏の『大阪アースダイバー』出版記念イベントの二次会の席なのです。私の人生を変える節目の日にお会いしているということに、とても不思議なご縁を感じます。そして、山納氏と岩崎氏が話をしている時にこの本の企画が生まれたそうです。

学生時代に地理や地学を学んだはずなのに、当時はまったく楽しくなかったことを覚えています。おそらく私の中ではテスト前に暗記して頭に詰め込むだけの科目だったのかもしれません。これまでの人生で地形や地質のリテラシーがあれば、旅行の時などもっと楽しめたことでしょう。地形散歩を続けていくと、〝地形のリテラシー〟が少しづつ高まっていきます。さらに、町のなりたちを読み解けるようにもなるかもしれません。それは地元の魅力の再発見にもつながっていきますし、どんな土地に行っても楽しみ方が増えるということでもあるのです。だって、そこに落ちている石ころを見るだけで妄想が広がり楽しめるのですから。

この本の執筆にあたってそのきっかけを作ってくださった山納洋氏と学芸出版社の編集者・岩崎健一郎氏にまず感謝を申し上げます。また時間がない中で紙面をきれいにまとめてくださったフルハウスの皆様、素敵な装丁に仕上げてくださった中川末子氏にも感謝をお伝えさせていただきます。

もし本書を読んで地形が気になり出したら、冒険気分で散歩に出かけられることをお勧めします。きっと今まで見過ごしてきた小さな凸凹が気になるはずです。それはもしかしたら何かの痕跡かもしれません。書を捨て、凸凹を歩きましょう。何かがきっと始まります。

**著者紹介**

**新之介**（しんのすけ）

本名は新開優介、1965年大阪市生まれ。「大阪高低差学会」代表、ブログ「十三のいま昔を歩こう」管理人。

著書に『凹凸を楽しむ 大阪「高低差」地形散歩』『凹凸を楽しむ 大阪「高低差」地形散歩 広域編』『凹凸を楽しむ 阪神・淡路島「高低差」地形散歩』（以上、洋泉社）、『ぶらり大阪「高低差」地形さんぽ』（140B）、『京阪神凸凹地図』『京阪神スリバチの達人』（以上、昭文社）など。NHK「ブラタモリ」の「大阪」「大坂城真田丸スペシャル」の案内人を務める。

**地形散歩のすすめ**
凸凹からまちを読みとく方法

2021年11月1日　第1版第1刷発行

著　　者　新之介
発 行 者　前田裕資
発 行 所　株式会社学芸出版社
　　　　　京都市下京区木津屋橋通西洞院東入
　　　　　電話 075-343-0811 〒600-8216
　　　　　http://www.gakugei-pub.jp/
　　　　　info@gakugei-pub.jp

編集担当　岩崎健一郎

D T P　フルハウス
装　　丁　中川未子（紙とえんぴつ舎）
印　　刷　イチダ写真製版
製　　本　新生製本


ISBN 978-4-7615-2796-9